机器人电气控制单元的制作

主　编　陈鸿杰
参　编　张扬吉　温利莉　何子健　匡伟民　林　光
陈延峰　邓米美　邹　攀　杨强华

机械工业出版社

本书是工业机器人的机电一体化电气基础知识学习和操作技能一体化工作页，主要针对稳压电源、电气控制线路、机器人驱动系统、机器人夹具控制系统进行基础性的介绍和学习。本书以工作任务为载体，以技工院校学生的认知规律为依据，由简单到复杂，以一台6轴桌面机器人本体为载体设计教学项目和教学任务，充分体现了“做中学，学中做”的教学方式。

本书可以作为技工院校工业机器人应用与维护专业及相关专业的教学用书，也可作为相关从业人员的参考用书。

图书在版编目（CIP）数据

机器人电气控制单元的制作/陈鸿杰主编. —北京：机械工业出版社，2023. 2

ISBN 978-7-111-72325-7

Ⅰ. ①机… Ⅱ. ①陈… Ⅲ. ①工业机器人-电气控制 Ⅳ. ①TP242. 2

中国国家版本馆 CIP 数据核字（2023）第 026442 号

机械工业出版社（北京市百万庄大街 22 号 邮政编码 100037）

策划编辑：侯宪国 责任编辑：侯宪国 关晓飞

责任校对：陈 越 梁 静 封面设计：马精明

责任印制：单爱军

北京虎彩文化传播有限公司印刷

2023 年 5 月第 1 版第 1 次印刷

184mm×260mm · 7. 25 印张 · 176 千字

标准书号：ISBN 978-7-111-72325-7

定价：29. 80 元

电话服务 网络服务

客服电话：010-88361066 机 工 官 网：www. cmpbook. com

010-88379833 机 工 官 博：weibo. com/cmp1952

010-68326294 金 书 网：www. golden-book. com

封底无防伪标均为盗版 机工教育服务网：www. cmpedu. com

前言

随着工业 4.0 及中国制造 2025 等战略的持续推进，我国工业机器人产业得到了较好的发展。机电一体化知识作为工业机器人的学习基础，包括电子电路、电气控制线路、机器人驱动、机器人夹具控制等电气基础知识。学习完本书后，学生应当能够胜任工业机器人电气控制单元的制作等工作，具备良好的职业素养，具体内容包括：

1. 通过完成稳压电路的制作，掌握电阻、电容、电感、二极管、变压器、集成电路等常见元器件的特性，以及电路符号和电路原理图的识读。

2. 通过完成整流电路、滤波电路、稳压电路的装配与测试任务，学会基本的电子技术基础知识和稳压电路的工作原理，能制作机器人稳压电源。

3. 通过完成三相电动机控制线路的安装，学习常用电工工具的使用和电器元件的选型，会分析线路的工作原理，并且掌握接线工艺（遵照 GB 50171—2012），会使用电工工具和识读电气线路图，同时会安装工业常用电路。

4. 通过机器人驱动系统安装任务，掌握步进电动机的基本知识、步进电动机驱动器的设置方法、步进驱动系统的安装方法，以及步进电动机的使用与基本控制，了解伺服电动机的基本知识。

5. 通过机器人夹具控制系统安装任务，掌握气压传动和液压传动的基本知识、气动元件的原理及使用方法、气动回路的设计及安装。

本书力求体现“学习的内容是工作，通过工作实现学习”这一教学理念，结合职业技能培养目标，注重工学一体教学；全书内容统筹规划，合理安排知识点、技能点，避免重复；教学形式灵活，充分体现学生在“做中学，学中做”，以学生为主体，教师为引导的教学原则，实现教、学、做合一的教学理念；课程实现任务化、模块化和综合化，主次分明，重点突出，简单易懂。

由于编者水平有限，书中不足之处在所难免，恳请广大读者批评指正，以便后续予以完善。

编　者

目录

学习任务1

制作稳压电源

学习目标

1. 能识别二极管的结构、类型和符号。
2. 能正确使用万用表、示波器、信号发生器等。
3. 能使用万用表判别二极管的引脚极性和性能好坏。
4. 能阐述变压器的结构和作用。
5. 能焊接装配稳压电源整流电路，并测试稳压电源整流电路的波形。
6. 能识别电容器的类型和符号。
7. 能使用万用表检测电容器是否存在故障。
8. 能焊接装配稳压电源滤波电路，并测试稳压电源滤波电路的波形。
9. 能识别稳压模块及其符号。
10. 能正确使用稳压模块。
11. 能阐述整流、滤波和稳压电路的作用和原理。

建议学时

70 学时。

工作任务描述

工业机器人的电气柜里有一个稳压电源，这个电源主要用于给电气柜中的 I/O 模块、机器人本体上的各种传感器、外部 PLC（Programmable Logical Controller，可编程控制器）等提供 DC 12V、DC 24V、DC 5V 电压。现要求大家完成这个稳压电源的制作，以满足以上设备的供电。直流稳压电源的参考电路如图 1-1 所示。

工作流程与活动

1. 整流电路的装配与测试（40 学时）。
2. 滤波电路的装配与测试（15 学时）。
3. 稳压电路的装配与测试（15 学时）。

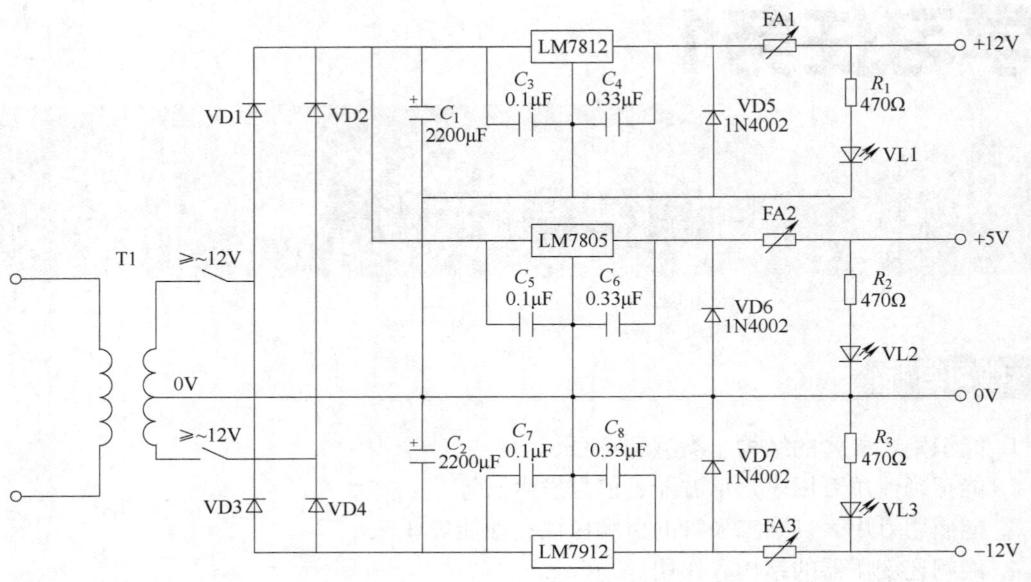

图 1-1 直流稳压电源的参考电路

学习活动 1 整流电路的装配与测试

学习目标

1. 能识别二极管的结构、类型和符号。
2. 能使用万用表判别二极管的引脚极性和性能好坏。
3. 能识别交流电与直流电。
4. 能阐述变压器的结构和作用。
5. 能焊接装配稳压电源整流电路，并测试稳压电源整流电路的波形。

建议学时：40 学时。

学习过程

一、任务描述

整流电路的原理图如图 1-2 所示。

二、信息搜集

1. 交流电与直流电的根本区别：____
____。

2. 在日常生活中所用的是正弦交流电，它的电压为____ V，频率为____ Hz。

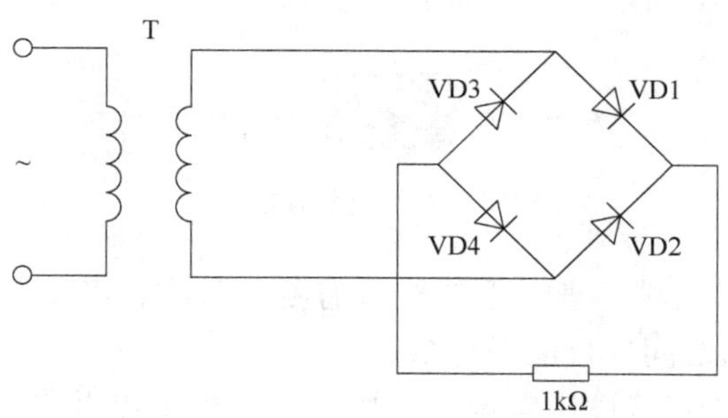

图 1-2　整流电路的原理图

3. 画出正弦交流电的波形。

4. 观察稳压电源整流电路，组成电路的主要元器件是________。
5. 图 1-3 所示二极管内部含有________块半导体区，形成________个 PN 结。

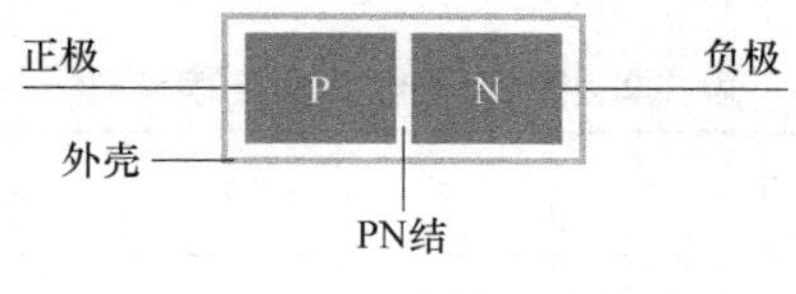

图 1-3　二极管的结构

【练习 1】 观察二极管的外形，认识二极管。
6. 画出二极管的符号。

7. 列出二极管与电阻的异同点，填入表 1-1 中。

表 1-1　二极管与电阻的异同点

相同点	不同点
	电阻：
	二极管：

8. 从外观上判别图 1-4 所示二极管的引脚极性。

图 1-4　二极管实物

9. 利用互联网和参考文献，查一下二极管有哪些种类，各有什么特点，以思维导图的形式绘制出来，并在小组之间进行汇报总结。

【练习 2】 使用可调式直流稳压电源、万用表、二极管以及电阻，搭建图 1-5 所示的实验电路，并总结出二极管的正反向特性。

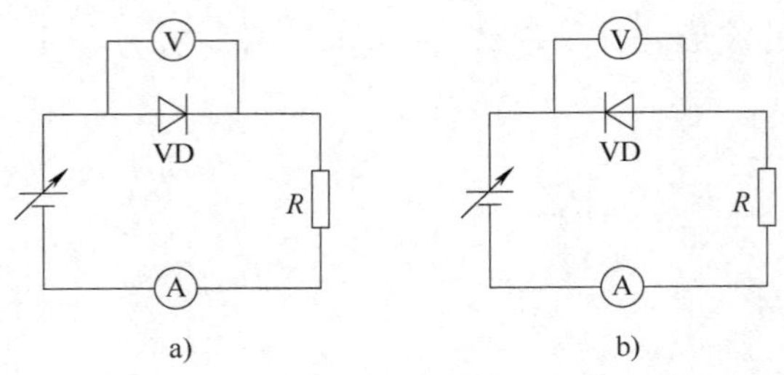

图 1-5　实验电路

10. 调节图 1-5 所示电路的电源，改变输出电压，将各电压下电路中对应的电压表与电流表（用万用表代替）的读数记录于表 1-2 和表 1-3 中。

表 1-2　图 1-5a 电路中各表读数

次数	1	2	3	4	5	6	7	8	9
电源电压/V	0	0.1	0.2	0.3	0.4	0.5	0.6	0.7	0.8
电流/mA									
电压/V									

表 1-3　图 1-5b 电路中各表读数

次数	1	2	3	4	5	6	7	8	9
电源电压/V	-10	-20	-40	-60	-80	-100	-120	-150	-200
电流/mA									
电压/V									

11. 根据表 1-2 和表 1-3 中测得的数据，在图 1-6 中绘制出二极管的伏安特性曲线（即二极管两端电压与流过二极管电流的关系曲线）。

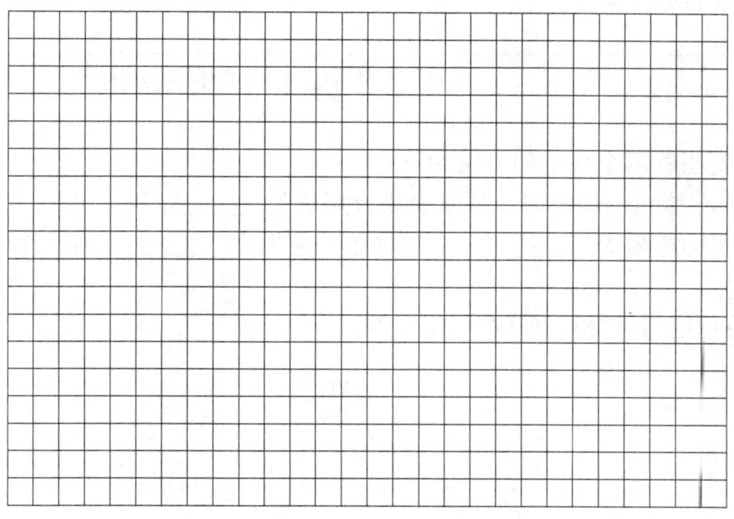

图 1-6　二极管的伏安特性曲线

12. 总结出二极管的特性，并进行小组汇报总结。

____

____

____

____

【练习 3】 二极管引脚的检测识别。

13. 如果无法从外观判别二极管引脚的极性，还可以用什么方法识别？

____

____

14. 使用万用表判别二极管引脚的极性时，是利用了二极管的________性。

15. 如果测得二极管的反向电阻趋于 0，则可说明什么问题？

____

____

【练习 4】 认识变压器。观察变压器实物（见图 1-7），分辨变压器的两个绕组，并用万用表检测其通断。

图 1-7　变压器实物

16. 变压器的主要功能：____
____。

17. 变压器由________和________组成。其中，接电源的绕组称为________，其余的绕组称为________。

通常，分辨变压器两个绕组的方法如下：________________________________。

18. 测试变压器绕组的通断时，通常使用万用表的________挡。分别测量两个绕组的电阻，测得一次绕组的电阻为________，二次绕组的电阻为________，则可判定此变压器的通断状态为________。

【练习 5】使用电烙铁焊接图 1-8 所示电路。

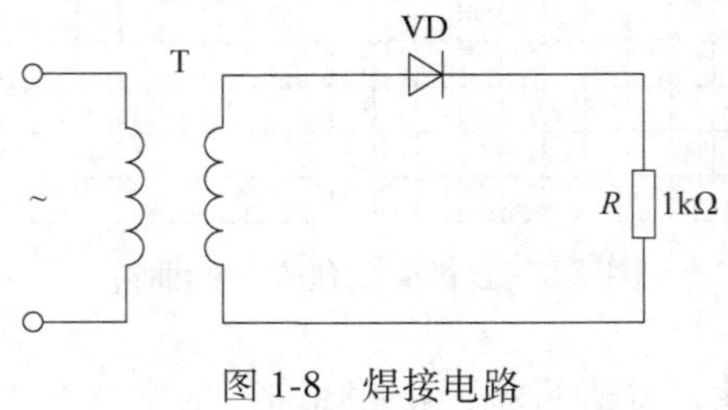

图 1-8　焊接电路

19. 电烙铁有哪些种类？各适合在什么环境下使用？

____
____
____
____

20. 请填写图 1-9 所示电烙铁各结构的名称。

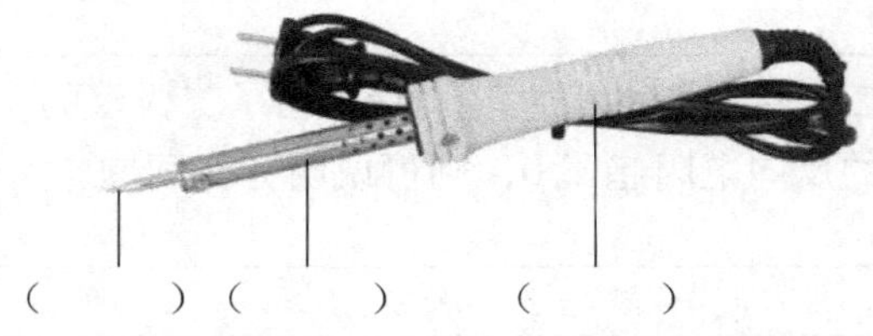

图 1-9　电烙铁各结构的名称

21. 请在图 1-10 中填写手工焊接技术中五步焊接法各步骤的名称。

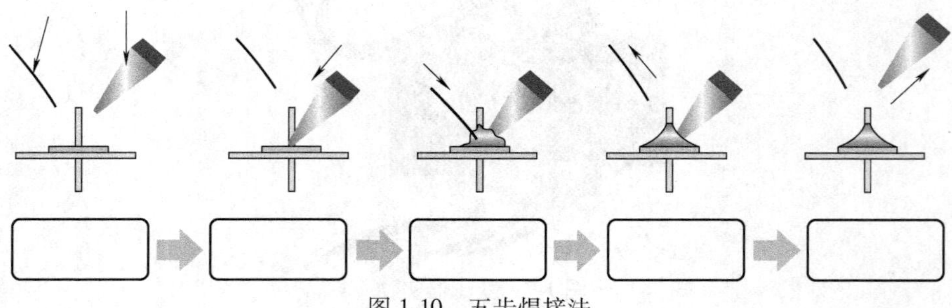

图 1-10　五步焊接法

22. 焊接质量不好可能导致哪些问题？如何判别焊接质量的好坏？

____

____

____

____

【练习 6】给练习 5 的电路通上交流电，然后接上示波器，观察输入端与负载的波形，如图 1-11 所示。

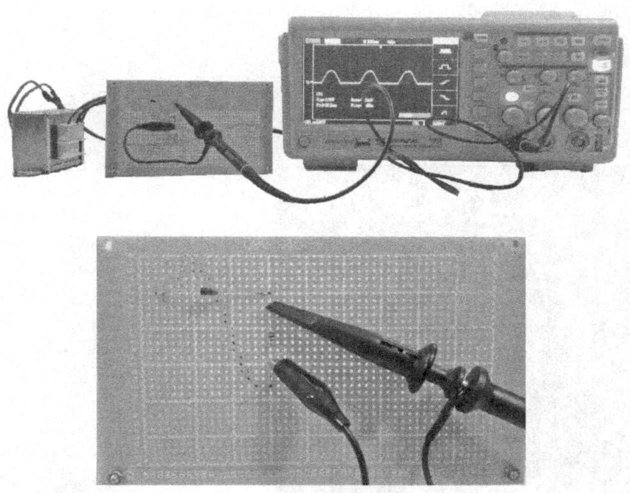

图 1-11　示波器测试波形

23. 什么是示波器？示波器的主要功能和用途是什么？

____

____

____

____

24. 写出图 1-12 中示波器面板各区域的功能，并在表 1-4 中填写各按键的功能。

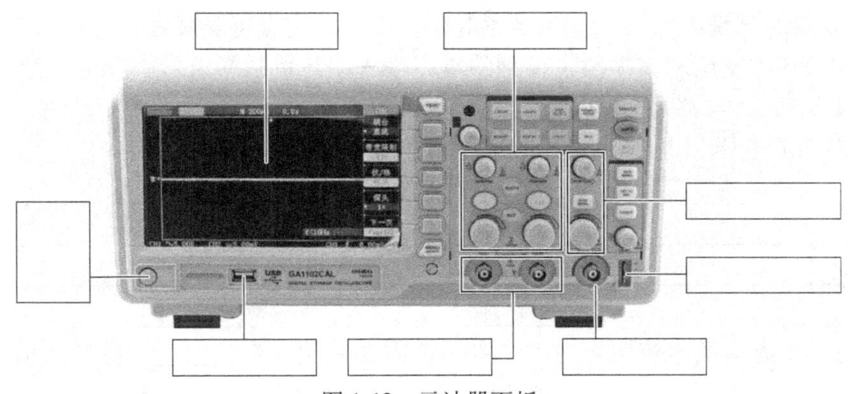

图 1-12　示波器面板

表 1-4　示波器各按键的功能

名称	功能	名称	功能
AUTO		HORI MENU	
CH1 CH2		TRIG MENU	
FORCE		DISPLAY	
REF		RUN/STOP	

25. 写出图 1-13 所示界面中各部分的含义。

26. 示波器探头如图 1-14 所示。

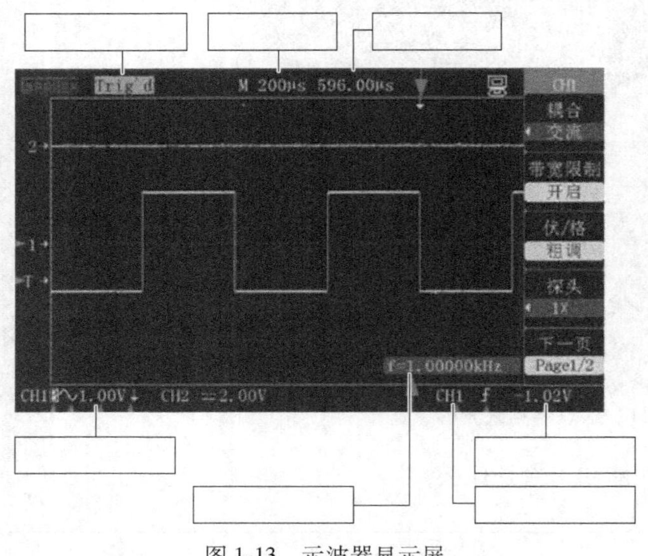

图 1-13　示波器显示屏

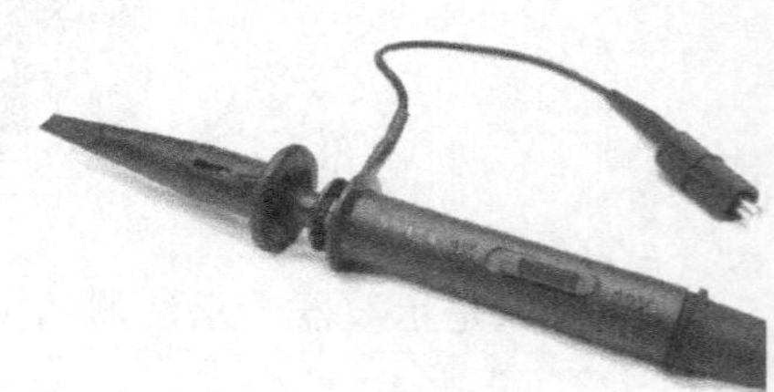

图 1-14　示波器探头

（1）进行任何测量前，需将示波器探头连接到________，并将接地端________。

（2）示波器探头带有________，读数时应注意。

（3）使用探头时为避免电击，手指应保持在____________________________。

（4）示波器的测量以________为参考电压，故接地端应正确接地，否则易造成短路。

27. 将练习 6 中使用示波器测量得到的电路输入端与负载的波形画在图 1-15 中。

28. 图 1-8 所示电路中，只有________个方向的电流通过负载，负载上只能得到________个周期的电压和电流。产生此现象的原因是什么？

____

____

____

____

29. 要将两个方向的电流限定为一个方向，需要使用具有________性的二极管。二极管整流电路有________整流、________整流、________整流和________整流等几种。

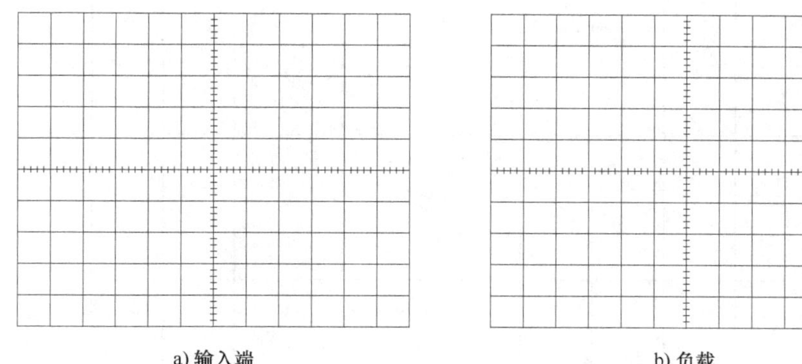

图 1-15　电路输入端与负载的波形

三、工具材料清单（见表 1-5）

表 1-5　整流电路装配与测试工具材料清单

序号	工具材料	型号规格	数量	附注
1	二极管	1N4001	4	
2	发光二极管		1	
3	电阻	1kΩ	1	
4	变压器		1	
5	指针式万用表	MF47	1	
6	数字万用表	VICTOR VC86E	1	
7	示波器	GA1102CAL	1	
8	电烙铁		1	带镊子、烙铁架
9	焊锡丝		1	
10	万用板		1	
11	松香		1	

四、装配图（见图 1-16）

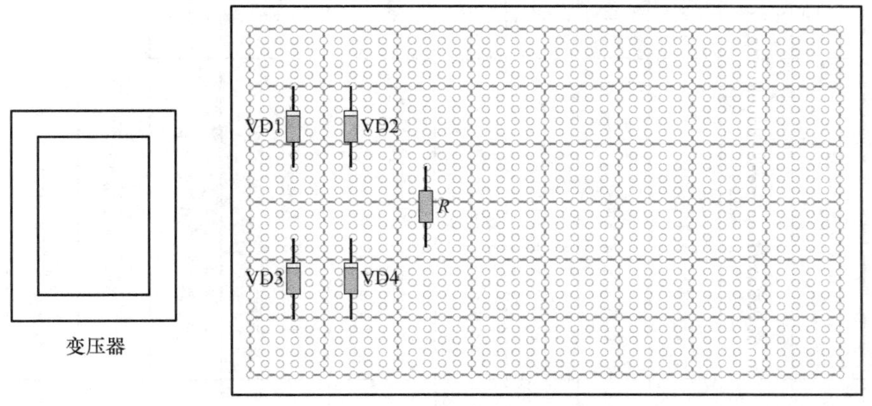

图 1-16　整流电路装配图

五、工作计划（见表 1-6）

表 1-6 整流电路装配与测试工作计划表

序号	工作阶段/步骤	工具材料清单	负责人	工作安全	质量检验	计划完成时间	实际完成时间
1	领取并核对工具材料	工具材料核点清单					
2	识读桥式整流电路图	电路图					
3	检查二极管性能好坏	1N4001 型二极管、万用表		用电安全	二极管导通性能良好		
4	检查变压器绕组的通断	变压器、万用表		用电安全	变压器绕组无开路		
5	元器件引脚预处理	二极管、电阻、电工钳		工具使用规范	利于装配焊接		
6	按照电路图，使用电烙铁进行电路装配焊接	电烙铁、松香、焊锡丝、万用板、二极管、变压器、电阻		电烙铁使用规范，避免烫伤	注意焊接工艺，焊点质量符合要求		
7	对照电路图，检查焊接电路有无错误	电路图					
8	变压器接通 220V 交流电	电源、焊接好的电路		用电安全			
9	使用示波器观察输入信号波形	示波器		用电安全	观察到完整正弦波		
10	使用示波器观察输出信号波形	示波器		用电安全	观察到单一方向的波		
11	结论分析汇报	白板、黑笔、A4 纸					

六、实施与控制

（一）检查

检查项目见表 1-7。

表 1-7　检查项目

序号	项目	工具材料	检查/测试结果	附注
1	二极管性能	二极管、万用表	二极管的正向电阻很小，反向电阻很大	
2	变压器绕组好坏	变压器、万用表	变压器一次绕组的电阻为几十到几百欧，二次绕组的电阻为几到几十欧	
3	电路装配	电路图	电路的装配焊接与电路图一致	
4	焊接工艺		电路焊点质量符合要求，电性能良好	
5	整流电路性能	示波器、信号发生器	示波器测得的输出负载波形只有一个方向	

（二）测试

1. 请在图 1-17 中画出输入电压的波形。

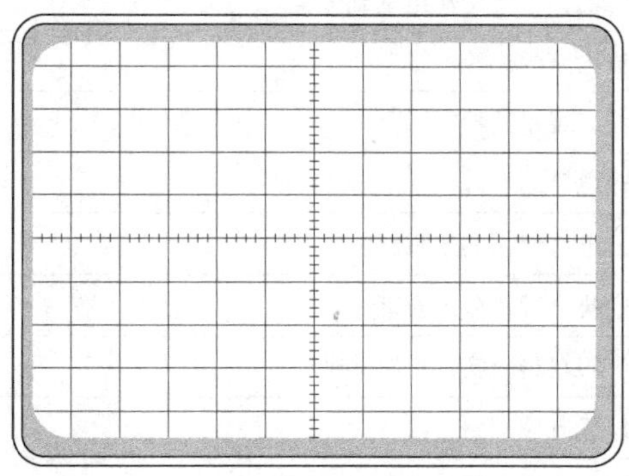

图 1-17　输入电压波形

2. 请在图 1-18 中画出输出电压的波形。

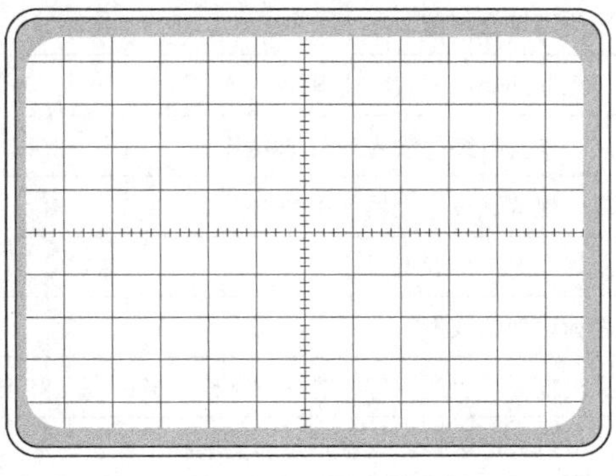

图 1-18　输出电压波形

3. 请描述输入输出电压波形变化的原因。

七、考核评价（见表 1-8）

表 1-8　整流电路装配与测试考核评价表

序号	评价项目	考核指标	配分	学生自评	组内评分	教师评分
1	信息搜集	能识别二极管的符号，了解其单向导通特性	4			
2		能使用万用表识别二极管的引脚及性能好坏	5			
3		能认识变压器，了解交流电基础知识	3			
4		能完成整流电路的焊接	6			
5		能操作示波器观察波形	4			
6		能理解整流电路的原理	3			
7	计划决策	清点完成任务所使用的工具材料	4			
8		工作步骤安排合理，分工合理	5			
9		工作计划汇报材料充实，思路清晰	5			
10		演讲语言组织有序	3			
11		计划讨论过程中具有领导力与想象力	3			
12		能根据决策评价进行计划修改	5			
13	实施过程	能严格按照工作计划的步骤实施	7			
14		工具与仪器使用符合规范	6			
15		能使用电子元器件焊接桥式整流电路	6			
16		能检测并记录整流电路的输入和负载波形	6			
17	展示反馈	电路焊接装配规范，成品元器件排列整齐	3			
18		焊接工艺良好，无不良焊点	3			
19		示波器能显示正确的波形	3			
20		成果展示及汇报语言表达良好，能展现本组任务的亮点和不足	3			
21		根据现场汇报与答辩结果，反思不足，并能提出改进方法	3			

（续）

序号	评价项目	考核指标	配分	学生自评	组内评分	教师评分
22	安全与 8S	工服穿戴整齐，工位保持整洁	3			
23		注意工作用电安全，通电前做到相互检查	3			
24		保持实训室及桌面整洁，仪器工具摆放整齐	2			
25		不迟到，不早退	2			
26	合计		100			
27	总计					

注：总计分数=学生自评×15%+组内评分×15%+教师评分×70%。

学习活动2　滤波电路的装配与测试

学习目标

1. 能识别电容的类型和符号。
2. 能使用万用表检测电容是否存在故障。
3. 能识别电感的类型和符号。
4. 能使用万用表检测电感是否存在故障。
5. 能够焊接装配稳压电源滤波电路，并测试稳压电源滤波电路的波形。

建议学时：15 学时。

学习过程

一、任务描述

滤波电路的原理图如图 1-19 所示。

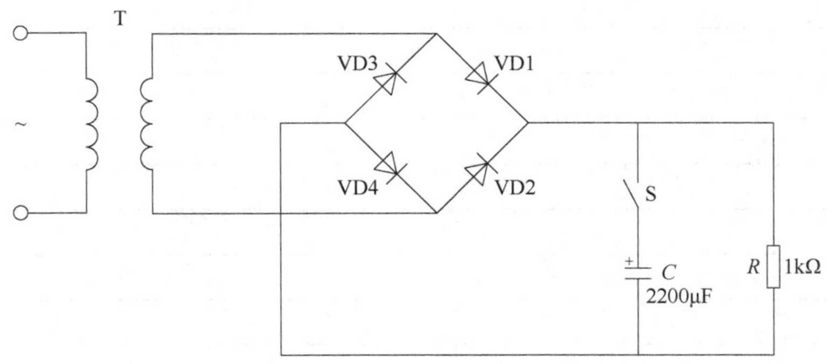

图 1-19　滤波电路的原理图

二、信息搜集

【练习 1】 通过互联网等手段，查找电容的相关资料，总结电容的分类方法。

1. 通过查阅资料，将电容进行分类，并填入下框中。

2. 写出下面 3 个电容的名称。

____

____

____

【练习 2】 观察电容实物的外形，了解电容的基本知识。

3. 电容的作用有哪些？

4. 画出表 1-9 中 3 种电容的图形符号。

表 1-9　3 种电容的图形符号

电容	电解电容	可变电容

5. 电容的基本单位是________________，其他单位还有____________________。

6. 电容的标注方法与电阻的标注方法基本相同，有________、________、数码标注法和色环标注法。图 1-20 所示电容的容量为________ F。

图 1-20　电容标识

7. 判别图 1-21 中两个电解电容的极性。

图 1-21　判别电解电容的极性

8. 请结合图 1-22 简单描述电容的充放电过程。

图 1-22　电容的充放电

充电过程：

放电过程：

【练习 3】电容的检测。利用万用表检测 0.1μF 与 0.33μF 的陶瓷电容和 2200μF 的电解电容，判断其是否存在故障。

9. 检测 0.1μF 与 0.33μF 的两个电容。

（1）选用万用表的________挡进行测量。

（2）测量电容的过程中，万用表的指针是如何变化的？说明了什么问题？

____

____

____

10. 检测 2200μF 的电解电容。

（1）测量电解电容时，应根据其电容的大小，选用合适的量程。一般情况下，对于 1～100μF 的电容，可选用________挡；对于大于 100μF 的电容，可选用________挡；对于 1μF 以下的电容，可选用________挡。

（2）测量电解电容的过程中，万用表的指针是如何变化的？说明了什么问题？

____

____

____

11. 什么是漏电阻？漏电阻的值通常为多少？

____

____

【练习 4】观察几种电感的外形，认识电感。

12. 写出表 1-10 中 3 种电感的名称。

表 1-10　3 种电感的名称

实物		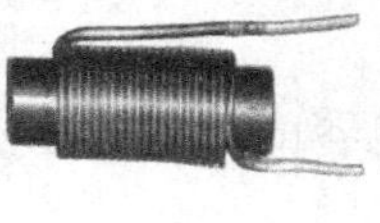	
名称			

13. 画出电感的符号。

14. 电感的单位是________，用英文字母________表示。

15. 电感的标注方法有哪些？请一一列出，并说出图 1-23 中电感标识的意义。

图 1-23 电感的标识

____

____

____

【练习 5】使用万用表检测电感线圈，判断其是否存在故障。

16. 外观检查。检查电感线圈的外观，判断其是否存在表 1-11 中所列问题。

表 1-11 外观检查

序号	检查项目	检查结果
1	线圈结构是否牢固	是□ 否□
2	线匝是否松动或松脱	是□ 否□
3	引线接点有无松动	有□ 无□
4	磁心旋转是否灵活	是□ 否□
5	有无滑扣	有□ 无□

17. 使用万用表进行电感线圈通断检查，测得电感线圈的直流电阻为________，由此判断此电感线圈____。

【练习 6】装配并观察电容滤波电路。

18. 焊接图 1-24 所示的电容滤波电路。

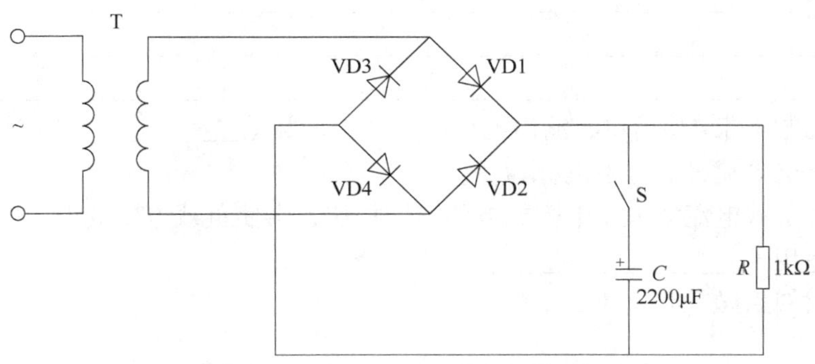

图 1-24 电容滤波电路

19. 断开 S，用示波器观察负载的波形，并记录在图 1-25 中。

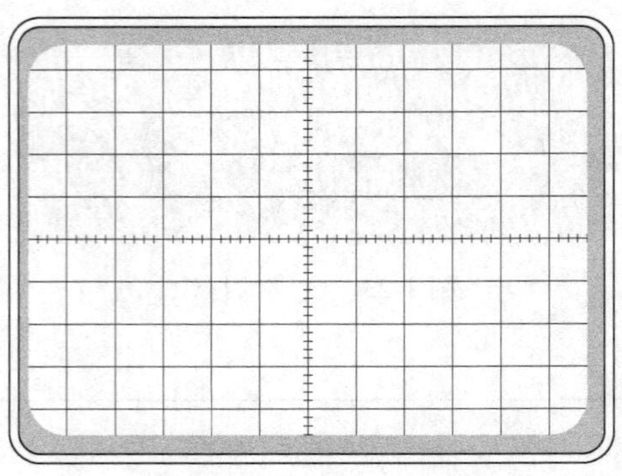
图 1-25　负载波形记录 1

此波形出现的原因是什么？

____

____

20. 接通 S，用示波器观察负载的波形，并记录在图 1-26 中。

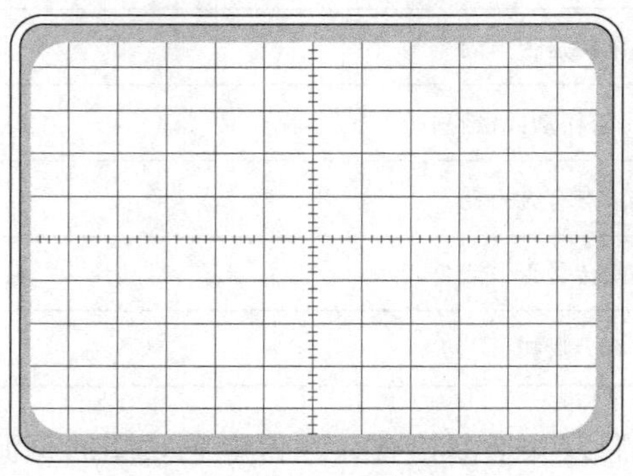
图 1-26　负载波形记录 2

产生这种波形变化的原因是什么？

____

____

____

____

21. 电容滤波电路结构简单，输出电压________，脉动________，但在接通电源的瞬间将产生强大的充电电流，这种电流称为________。

同时，因为负载电流太大，电容放电的速度加快，会使负载电压变得不够平稳，所以电容滤波电路只适用于____________________的场合。

三、工具材料清单（见表 1-12）

表 1-12　滤波电路装配与测试工具材料清单

序号	工具材料	型号规格	数量	附注
1	桥式整流电路		1	
2	电解电容	2200μF	2	

（续）

序号	工具材料	型号规格	数量	附注
3	陶瓷电容	0.1μF、0.33μF	1	
4	电感		1	
5	电阻	1kΩ	2	
6	指针式万用表	MF47	1	
7	数字万用表	VICTOR VC86E	1	
8	示波器	GA1102CAL	1	
9	电烙铁		1	带镊子、烙铁架
10	焊锡丝		1	
11	万用板		1	
12	松香		1	
13	吸锡器		1	

四、装配图（见图1-27）

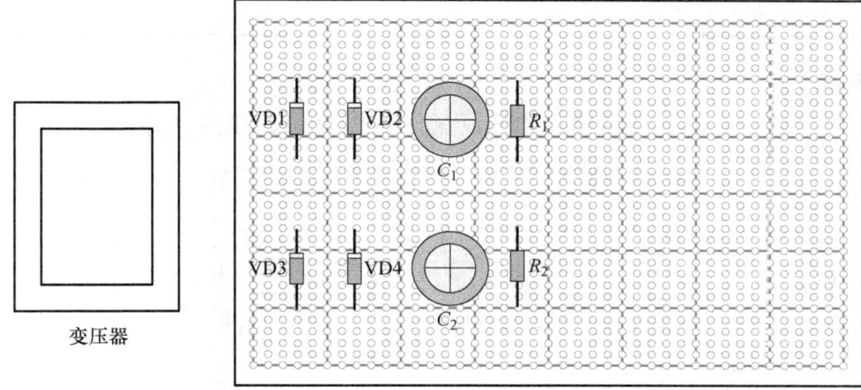

图1-27 滤波电路装配图

五、工作计划（见表1-13）

表1-13 滤波电路装配与测试工作计划表

序号	工作阶段/步骤	工具材料清单	负责人	工作安全	质量检验	计划完成时间	实际完成时间
1							
2							
3							
4							
5							
6							
7							
8							

（续）

序号	工作阶段/步骤	工具材料清单	负责人	工作安全	质量检验	计划完成时间	实际完成时间
9							
10							
11							

六、实施与控制

（一）检查

检查项目见表 1-14。

表 1-14　检查项目

序号	项目	工具材料	检查/测试结果	附注
1	电容质量好坏			
2	电路装配正确性			
3	焊接工艺			
4	滤波电路性能好坏			

（二）测试

1. 请在图 1-28 中画出整流桥输出电压（输入电压为+12V 时）的波形。

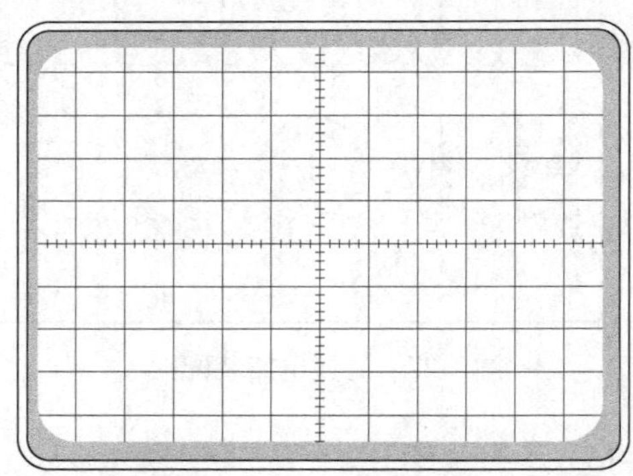

图 1-28　整流桥输出电压波形 1

2. 请在图 1-29 中画出整流桥输出电压（输入电压为−12V 时）的波形。

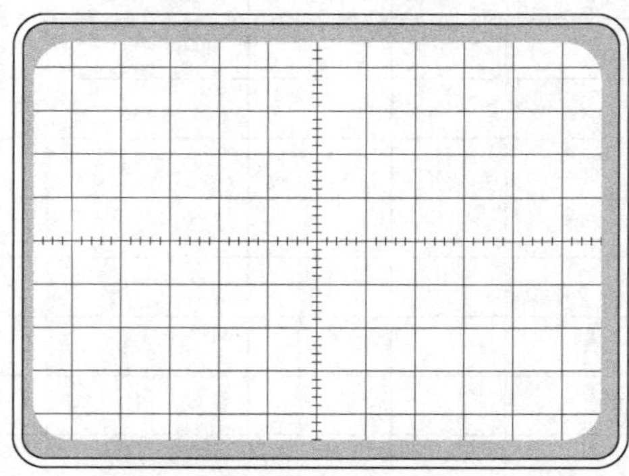

图 1-29　整流桥输出电压波形 2

3. 请在图 1-30 中画出负载 R_1 的波形。

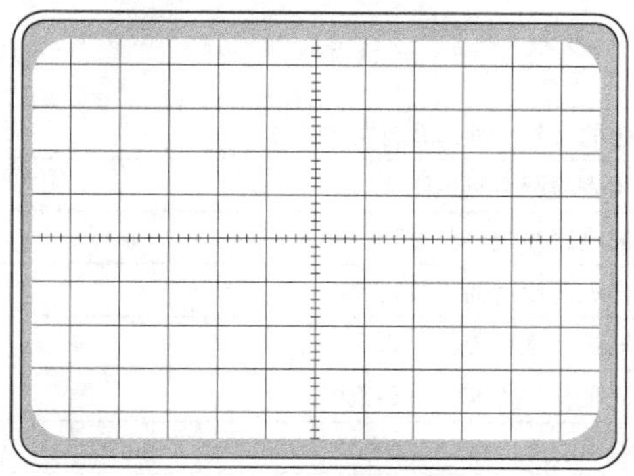

图 1-30　负载 R_1 波形

4. 请在图 1-31 中画出负载 R_2 的波形。

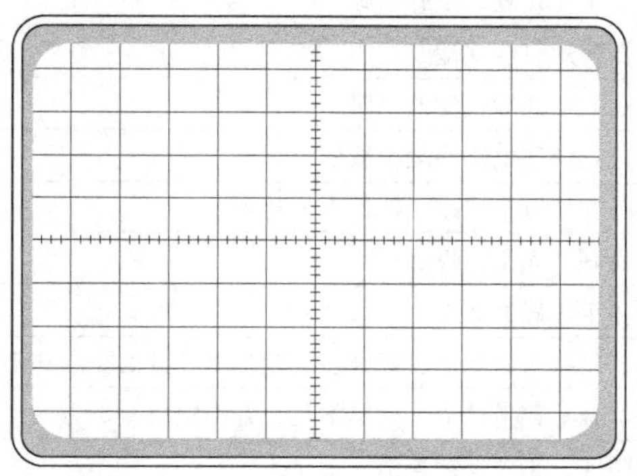

图 1-31　负载 R_2 波形

5. 请描述电容滤波电路中电压变化的原因。

____

____

____

____

____

____

____

____

七、考核评价（见表 1-15）

表 1-15　滤波电路装配与测试考核评价表

序号	评价项目	考核指标	配分	学生自评	组内评分	教师评分
1	信息搜集	能识别电容的符号、外形及分类	5			
2		能理解电容的充放电原理并检测电容的好坏	6			

（续）

序号	评价项目	考核指标	配分	学生自评	组内评分	教师评分
3	信息搜集	能识别电感的符号、外形及分类	4			
4		能使用万用表检测电感线圈	4			
5		能焊接滤波电路并观察其波形	6			
6	计划决策	清点完成任务所使用的工具材料	4			
7		工作步骤安排合理，分工合理	5			
8		工作计划汇报材料充实，思路清晰	5			
9		演讲语言组织有序	3			
10		计划讨论过程中具有领导力与想象力	3			
11		能根据决策评价进行计划修改	5			
12	实施过程	能严格按照工作计划的步骤实施	7			
13		工具与仪器使用符合规范	6			
14		能使用电子元器件焊接滤波电路	6			
15		能检测并记录滤波电路的输出波形	6			
16	展示反馈	电路焊接装配规范，成品元器件排列整齐	3			
17		焊接工艺良好，无不良焊点	3			
18		示波器能显示正确的波形	3			
19		成果展示及汇报语言表达良好，能展现本组任务的亮点和不足	3			
20		根据现场汇报与答辩结果，反思不足，并能提出改进方法	3			
21	安全与8S	工服穿戴整齐，工位保持整洁	3			
22		注意工作用电安全，通电前做到相互检查	3			
23		保持实训室及桌面整洁，仪器工具摆放整齐	2			
24		不迟到，不早退	2			
25	合计		100			
26	总计					

注：总计分数=学生自评×15%+组内评分×15%+教师评分×70%。

学习活动3　稳压电路的装配与测试

学习目标

1. 能识读三端集成稳压电路的原理图。
2. 认识三端集成稳压器并能进行检测。
3. 能装配并检测三端集成稳压电路。

建议学时：15学时。

学习过程

一、任务描述

三端集成稳压电路的原理图如图 1-32 所示。

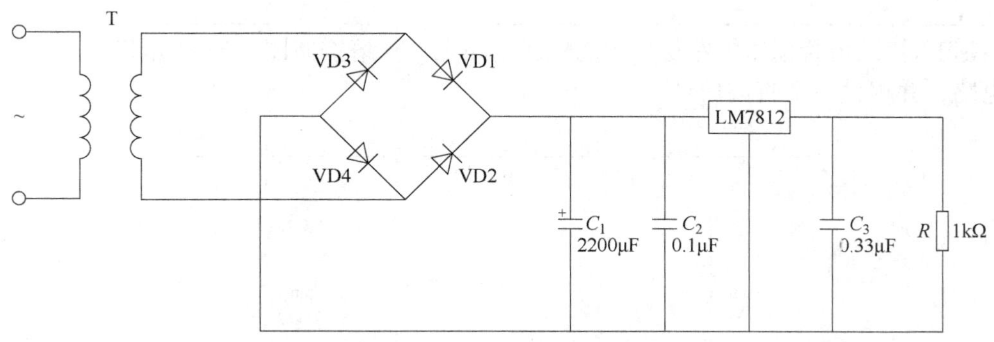

图 1-32　三端集成稳压电路的原理图

二、信息搜集

1. 什么是稳压？直流电源中为什么需要稳压电路？

____

____

____

【练习 1】 由调整器件构成的稳压电路一般有很多种，图 1-33 所示就是其中的一种。请查阅相关资料，写出能够进行稳压的途径和方法，并分组进行汇报演示。

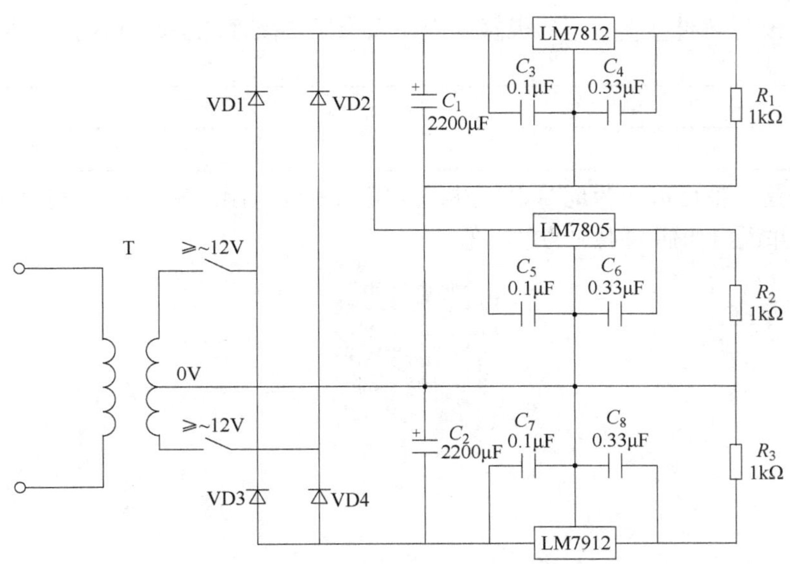

图 1-33　三路输出的三端集成稳压电路

2. 由调整器件构成的稳压电路一般有哪几种？各有什么特点？

【练习 2】二极管稳压电路是常用的稳压电路之一。请按照图 1-34 所示搭建一个二极管稳压电路，并提供一个直流信号。

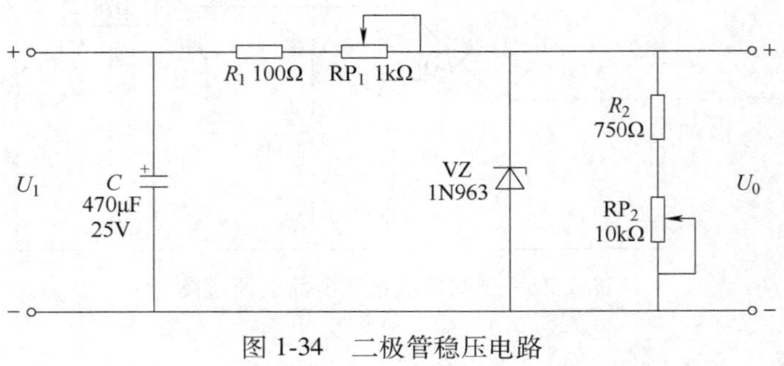

图 1-34　二极管稳压电路

3. 画出稳压二极管的图形符号。

4. 稳压二极管又叫________二极管。为什么稳压二极管能够起到保持电压稳定的作用？

5. 电位器是一种可以人为地对阻值进行连续调整的电阻。写出图 1-35 所示电位器 3 个引脚的功能，并说出如何判别它的电阻值。

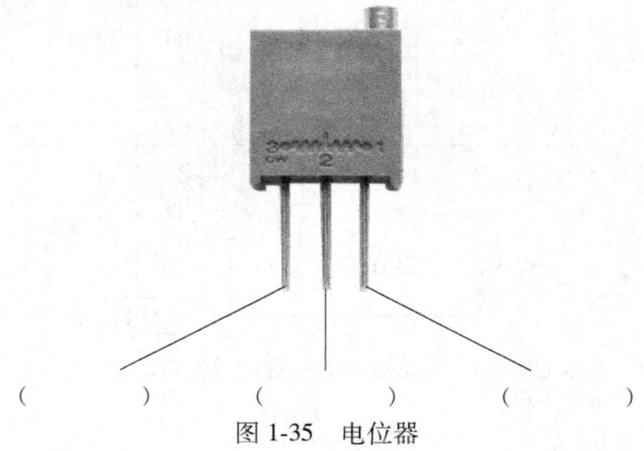

图 1-35　电位器

6. 送入16V直流电，RP_1的阻值分别取1kΩ、750Ω、500Ω、200Ω、0Ω，调节电位器RP_2使其阻值从0变化至最大值，用万用表观察稳压二极管两端的输出电压，填入表1-16中。

表1-16　稳压二极管两端的输出电压

RP_1 的取值	1kΩ	750Ω	500Ω	200Ω	0Ω
调节 RP_2，稳压二极管输出电压的范围					

7. 在表1-17中列出二极管稳压电路的优缺点。

表1-17　二极管稳压电路的优缺点

优点	缺点

【练习3】集成稳压电路体积小，使用方便，应用广泛。请对LM7812、LM7805、LM7912这3种集成稳压器进行检测。

8. 写出三端集成稳压器的工作特点。

____

____

____

9. 认识LM78××系列三端集成稳压器。

（1）请在图1-36中写出LM7812三端集成稳压器的引脚名称。

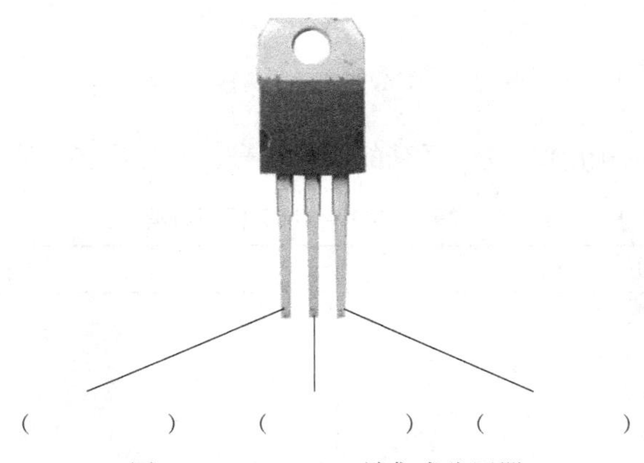

（　　　　）（　　　　）（　　　　）

图1-36　LM7812三端集成稳压器

（2）请在表1-18中画出LM78××系列的图形符号，并标出各引脚。

表 1-18　LM78××系列图形符号

外形	图形符号
78×× 1 2 3	

（3）型号 LM7805 中，各部分代表的意义是什么？请填入下框中。

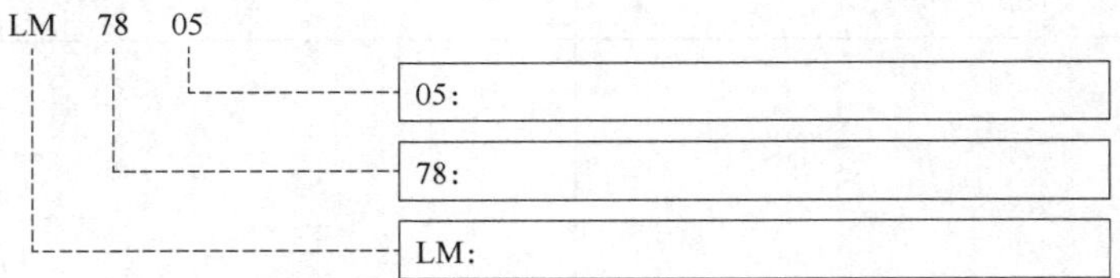

10. 认识 LM79××系列三端集成稳压器。

（1）请在图 1-37 中写出 LM7912 三端集成稳压器的引脚名称。

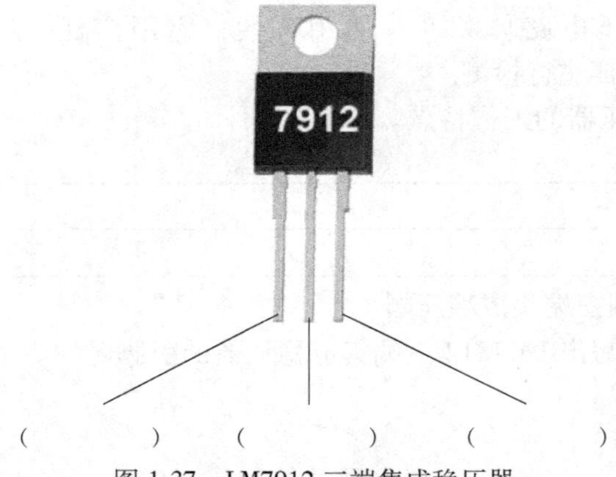

图 1-37　LM7912 三端集成稳压器

（2）请在表 1-19 中画出 LM79××系列的图形符号，并标出各引脚。

表 1-19　LM79××系列图形符号

外形	图形符号
79×× 1 2 3	

11. LM78××系列和 LM79××系列的三端集成稳压器有什么区别？

12. 检测 LM7812、LM7805、LM7912 这 3 种集成稳压器性能的好坏。使用直流电源给三端集成稳压器供电，再用万用表观察其输出电压，判断此三端集成稳压器的好坏。检测过程中的数据和结论填入表 1-20 中。

表 1-20 检测三端集成稳压器性能

芯片	输入电压	输出电压	结论
LM7812	24V		
LM7805	9V		
LM7912	−24V		

【**练习 4**】按照图 1-38 所示连接 LM7812 的基本电路。

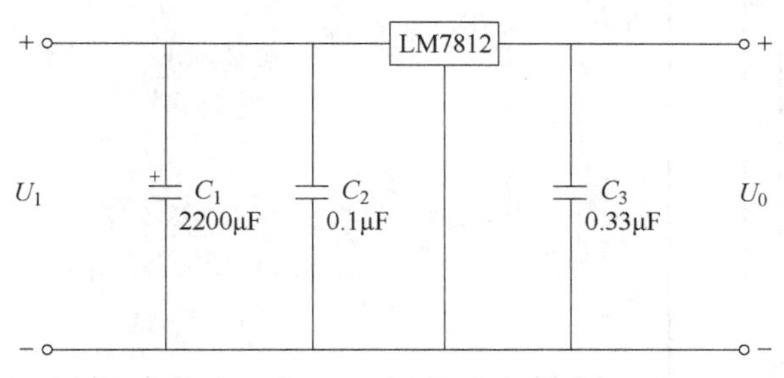

图 1-38 LM7812 的基本电路

13. 陶瓷电容 C_1 与 C_2 的作用分别是什么？

C_1 的作用：

C_2 的作用：

三、工具材料清单（见表 1-21）

表 1-21 稳压电路装配与测试工具材料清单

序号	工具材料	型号规格	数量	附注
1	整流滤波电路		1	已完成
2	三端集成稳压器	LM7912、LM7812、LM7805	各 1	
3	陶瓷电容	0. 1μF、0. 33μF	各 3	
4	散热槽		3	
5	电阻	1kΩ	3	

（续）

序号	工具材料	型号规格	数量	附注
6	指针式万用表	MF47	1	
7	数字万用表	VICTOR VC86E	1	
8	示波器	GA1102CAL	1	
9	直流电源		1	
10	电烙铁		1	带镊子、烙铁架
11	焊锡丝		1	
12	万用板		1	
13	松香		1	
14	吸锡器		1	

四、装配图（见图 1-39）

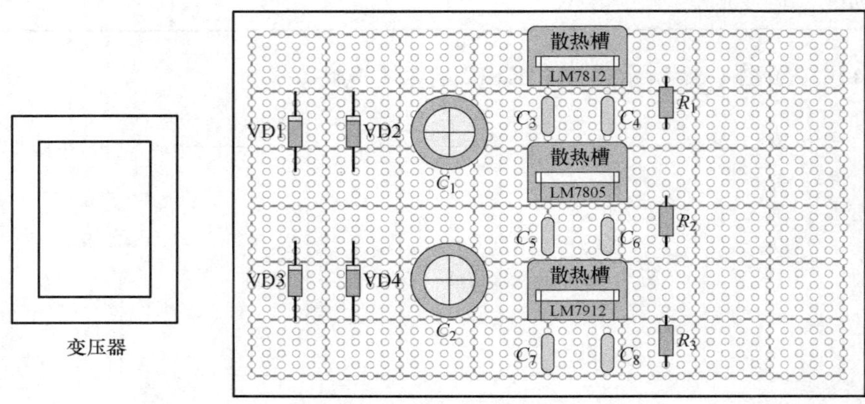

图 1-39　稳压电路装配图

五、工作计划（见表 1-22）

表 1-22　稳压电路装配与测试工作计划表

序号	工作阶段/步骤	工具材料清单	负责人	工作安全	质量检验	计划完成时间	实际完成时间
1							
2							
3							
4							
5							
6							
7							
8							
9							

（续）

序号	工作阶段/步骤	工具材料清单	负责人	工作安全	质量检验	计划完成时间	实际完成时间
10							
11							

汇报决策反馈记录：	教师评价反馈记录：

六、实施与控制

1. 记录稳压电路输出电压的波形。

（1）请在图 1-40 中画出负载 R_1 的波形。

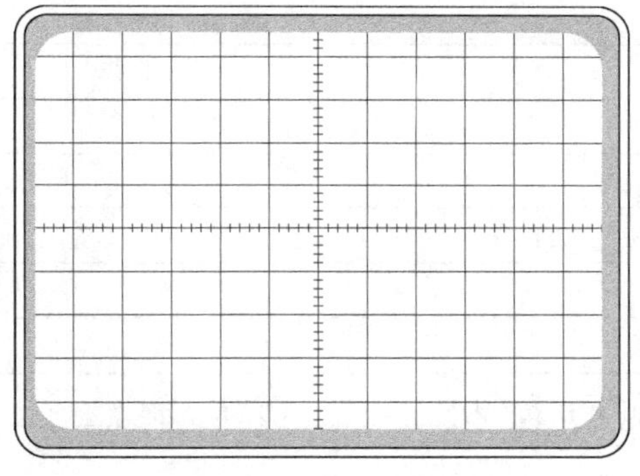

图 1-40　负载 R_1 波形

（2）请在图 1-41 中画出负载 R_2 的波形。

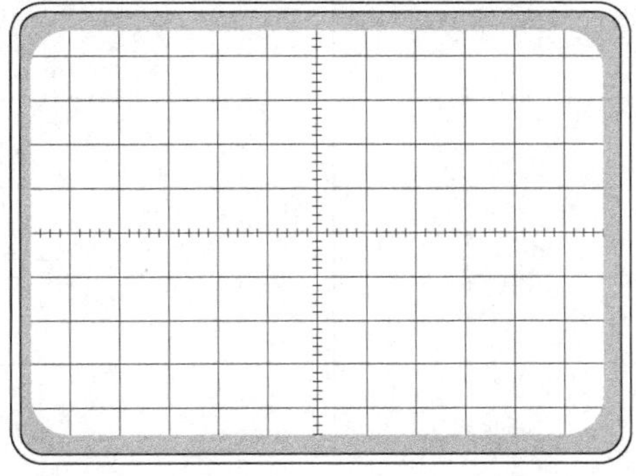

图 1-41　负载 R_2 波形

（3）请在图 1-42 中画出负载 R_3 的波形。

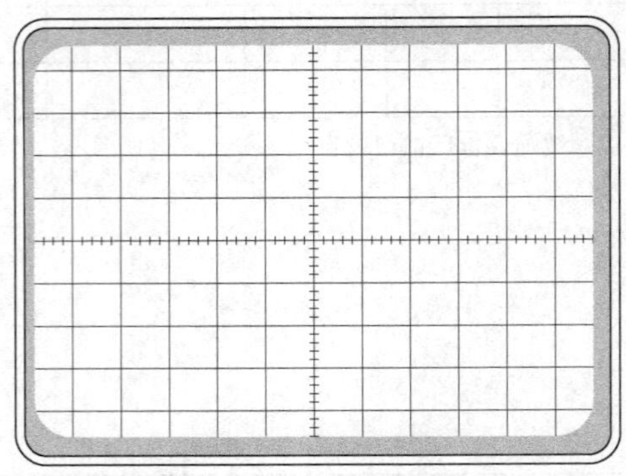

图 1-42　负载 R_3 波形

2. 请描述从示波器中读取电压值的方法。

3. 读取到的负载电压如下：R_1 为________V，R_2 为________V，R_3 为________V。

4. 填写稳压电路装配与测试实施与控制表（见表 1-23）。

表 1-23　稳压电路装配与测试实施与控制表

序号	检查项目	工具材料	检查/测试结果	附注
1	三端集成稳压器性能好坏	万用表		
2	电容性能好坏			
3	电路装配正确性			
4	焊接工艺			
5	稳压电路性能（输出电压稳定性）好坏	示波器		

七、考核评价（见表 1-24）

表 1-24 稳压电路装配与测试任务工作评价表

班级		小组名称			
小组成员					
评估时间					
评价项目	评价要求	配分	学生自评	组内评分	教师评分
信息搜集	能识别三端集成稳压器的型号	5			
	能识别三端集成稳压器的图形符号及引脚	6			
	能理解三端集成稳压器基本电路的工作原理	4			
	能检测三端集成稳压器的好坏	4			
	能焊接稳压电路并检测其波形	6			
计划决策	清点完成任务所使用的工具材料	4			
	工作步骤安排合理，分工合理	5			
	工作计划汇报材料充实，思路清晰	5			
	演讲语言组织有序	3			
	计划讨论过程中具有领导力与想象力	3			
	能根据决策评价进行计划修改	5			
实施过程	能严格按照工作计划的步骤实施	7			
	示波器、万用表、电烙铁等工具的使用符合规范和安全要求	6			
	能使用电子元器件焊接三端集成稳压电路	6			
	能检测并记录稳压电路的输出波形	6			
展示反馈	电路焊接装配规范，成品元器件排列整齐	3			
	焊接工艺良好，电路板整体美观得体	3			
	示波器能显示正确的波形	3			
	作品展示有亮点和创意	3			
	能对动手制作的稳压电路提出改进方法，增加其美观度及稳定性	3			
安全与8S	工服穿戴整齐，工位保持整洁	3			
	注意工作用电安全，通电前做到相互检查	3			
	保持实训室及桌面整洁，仪器工具摆放整齐	2			
	不迟到，不早退	2			
合计		100			
总计					

（续）

提问与反馈记录：

注：总计分数=学生自评×15%+组内评分×15%+教师评分×70%。

学习任务2

电气控制线路的安装

学习目标

1. 能分析网孔支架的结构。
2. 能够对电器元件进行定位。
3. 能完成电气部件的装配。
4. 能识读电气控制电路图。
5. 能说出电路图中各电气部件的名称及用途。
6. 能完成电气部件的布线。
7. 能分析按钮的结构和工作原理。
8. 能准确识读导线上的标识。
9. 能理解交流接触器联锁控制的原理。
10. 能运用交流接触器完成电动机的转向控制。
11. 能掌握电气线路安装接线的规范。
12. 能完成控制电路的测试。

建议学时

52 学时。

工作任务描述

某工业机器人生产企业主要生产小负载的 6 轴工业机器人，根据生产计划已完成 RB08 型机器人电气控制柜的加工和电器元件的采购，现需要对机器人电气控制柜进行电气安装。班组长向电气装配工下达安装任务并发放电气安装任务单，电气装配工需要在 1 周内按照厂家技术规范完成机器人电气控制柜的电气控制线路的安装。

工作流程与活动

1. 装配电气部件（12 学时）。
2. 电路部件的布线（16 学时）。

3. 带有按钮和交流接触器联锁的转向交流接触器电路（12 学时）。
4. 带有按钮和交流接触器联锁以及末端断路的转向交流接触器电路（12 学时）。

学习活动 1　装配电气部件

学习目标

1. 能分析网孔支架的结构。
2. 能给给定的电器元件定位。
3. 能完成电气部件的装配。

建议学时：12 学时。

学习过程

一、接受任务

1. 根据图 2-1 和图 2-2 确定装配尺寸，并把它们填入工作页的部件装配图中。
2. 把电气部件装配到网孔支架上，并进行标记。

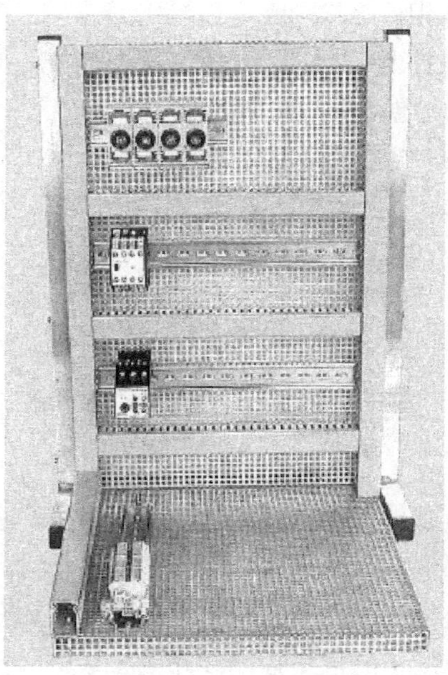

图 2-1　安装位置示意图

请注意：这些电气部件用螺钉、螺母、垫圈和弹簧垫圈进行装配，确切的装配尺寸由网栅孔决定。

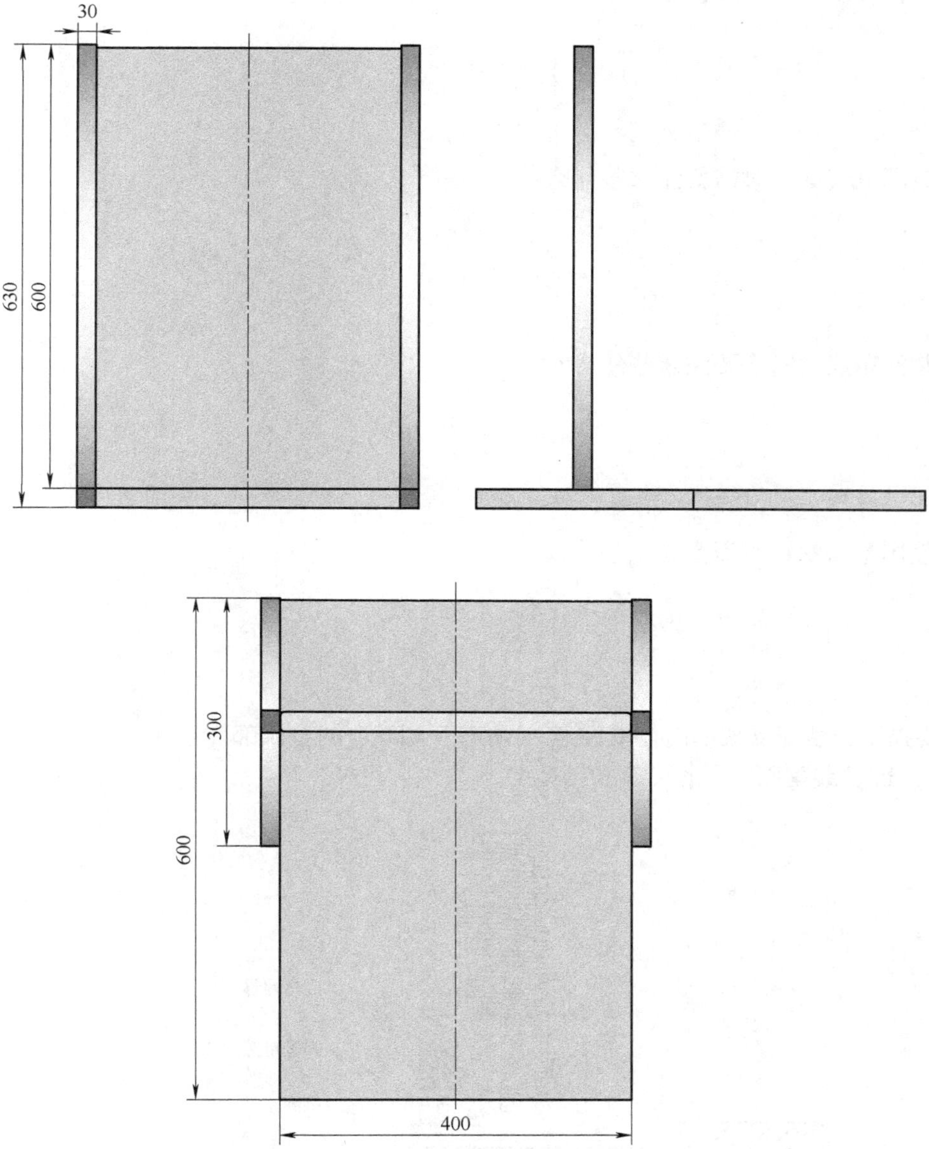

图 2-2　网孔支架示意图

二、收集信息

（一）引导问题

1. 怎样可以防止螺钉因摇动而产生的松动情况？

2. 为什么制作一个机械连接时必须使用合适的工具？

3. 装配电气部件时需要注意些什么？

4. 装配布线槽时需要注意些什么？

5. 使用塑料螺钉时需要注意些什么？

重要提示：装配支架的时候要注意，所有互相导电的金属部件连在一起（统一接地）。

（二）部件装配图（见图 2-3 和图 2-4）

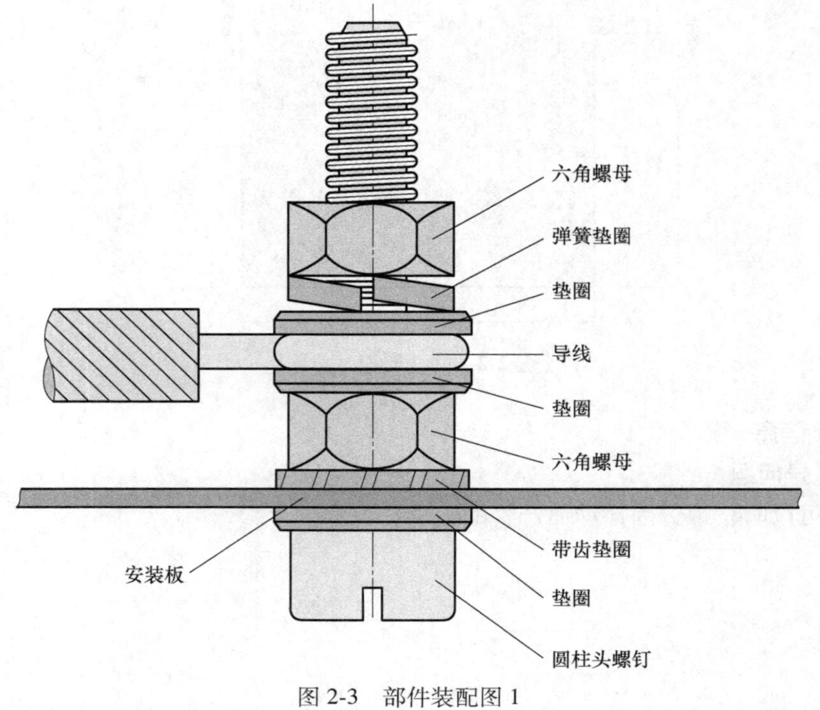

图 2-3　部件装配图 1

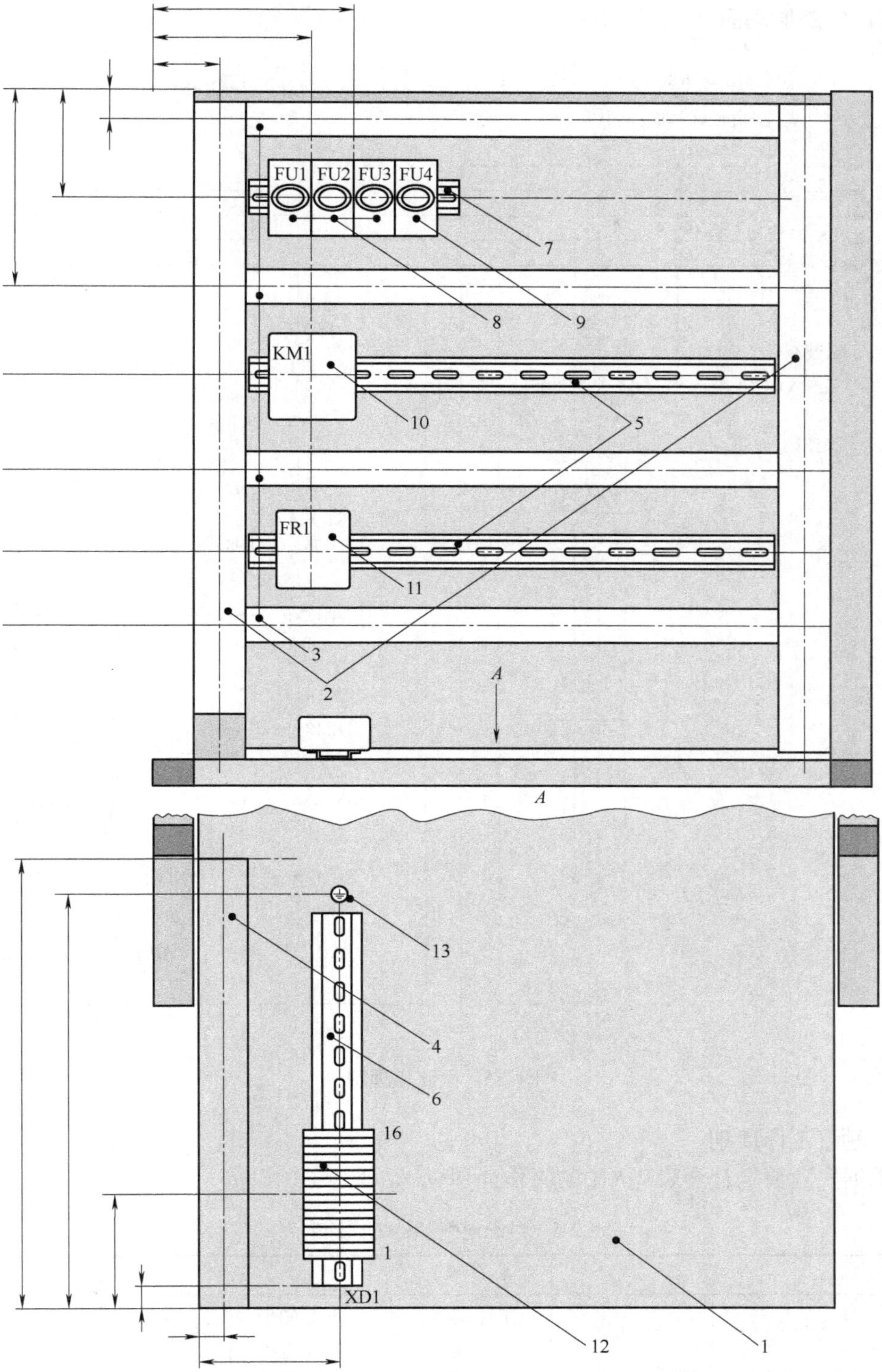

图 2-4 部件装配图 2

1—网孔板 2、4—线槽 3—导轨固定螺钉 5~7—导轨 8、9—熔断器
10—接触器 11—热继电器 12—端子板 13—接地端

(三) 电路原理图（见图 2-5）

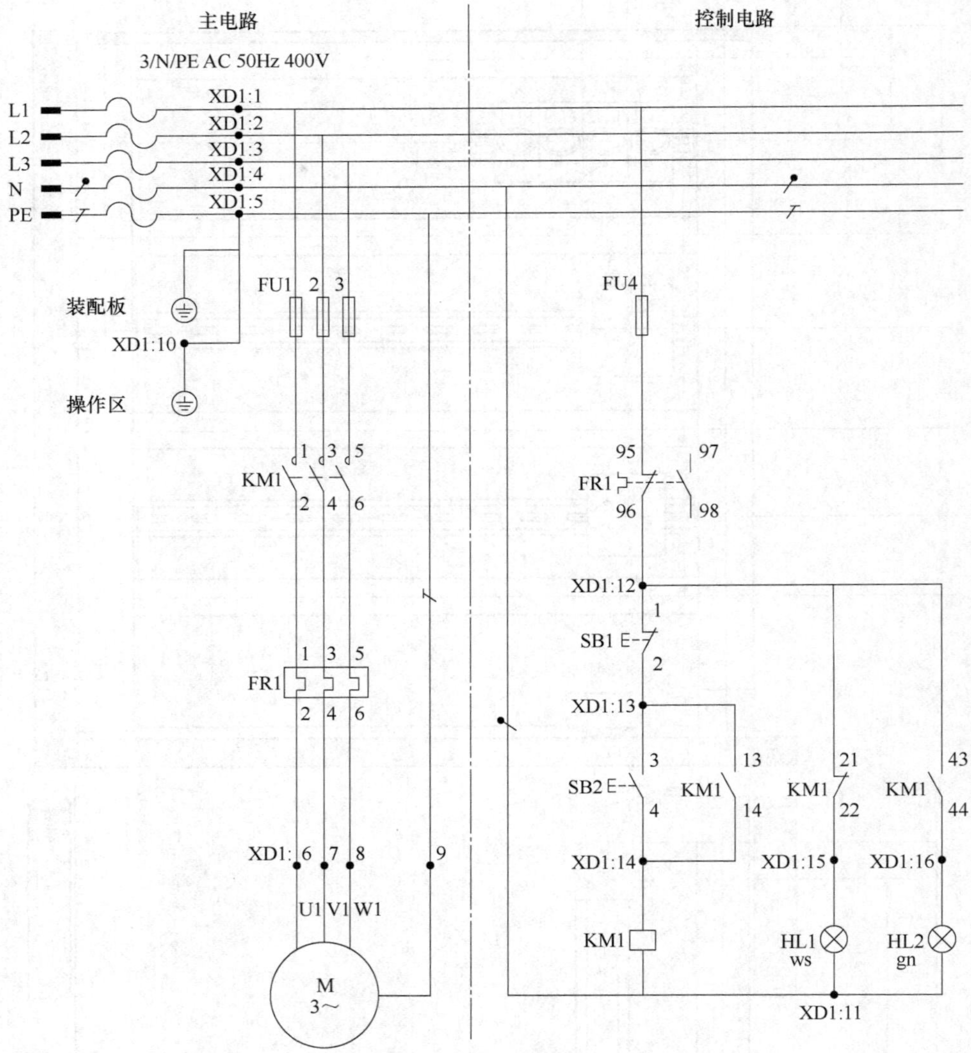

图 2-5 电路原理图

三、制订工作计划

请根据实际情况补全表 2-1 中的工作计划。

表 2-1 装配电气部件工作计划表

项目：			任务：			
序号	工作步骤	注意事项	工具/需求支援	工作安全性/环保性	计划工作时间	实际工作时间

（续）

序号	工作步骤	注意事项	工具/需求支援	工作安全性/环保性	计划工作时间	实际工作时间

四、工作计划决策

1. 各组同学上台展示本组的工作计划，教师和其他组的同学给出评价和建议。

2. 投票选出最优的工作计划，并制作评优表，写明中选理由。

五、实施工作计划

1. 实施电气部件的装配。

2. 记录实施过程的要点。

六、考核评价

对装配好的电气部件进行检查，填写表 2-2。

表 2-2　装配电气部件目视检查评价表

<table>
<tr><td colspan="3">学习领域：机器人电气控制单元的制作</td><td colspan="4">项目：电气控制柜的安装</td></tr>
<tr><td colspan="3">任务名称：电气控制线路的安装</td><td colspan="4">小组（　　）　个人（　　）</td></tr>
<tr><td colspan="3">组名（姓名）：</td><td colspan="4">学号　　　　工位号　　　　工件号</td></tr>
<tr><td colspan="3">班级：</td><td colspan="4">日期：</td></tr>
<tr><td rowspan="2">序号</td><td rowspan="2">姓名</td><td rowspan="2">检查项目</td><td rowspan="2">检查标准</td><td colspan="3">评分（10-9-7-5-3-0）</td></tr>
<tr><td>自我评分</td><td>他人评分</td><td>差异</td></tr>
<tr><td></td><td></td><td>电气部件安装</td><td>电气部件布局合理；方便安装接线；安装牢固；无安全隐患</td><td></td><td></td><td></td></tr>
<tr><td></td><td></td><td></td><td></td><td></td><td></td><td></td></tr>
<tr><td></td><td></td><td></td><td></td><td></td><td></td><td></td></tr>
<tr><td></td><td></td><td></td><td></td><td></td><td></td><td></td></tr>
<tr><td></td><td></td><td></td><td></td><td></td><td></td><td></td></tr>
</table>

（续）

序号	姓名	检查项目	检查标准	评分（10-9-7-5-3-0）		
				自我评分	他人评分	差异

学习活动2　电路部件的布线

学习目标

1. 能识读电气控制电路图。
2. 能说出电路图中各电气部件的名称及用途。
3. 能完成电路部件的布线。

建议学时：16学时。

学习过程

一、接受任务

1. 撰写功能说明。
2. 把规定的电路符号对应上标准的名称和标记字母。
3. 给学习活动1中安装的部件布线，布线完成后的效果应如图2-6所示。

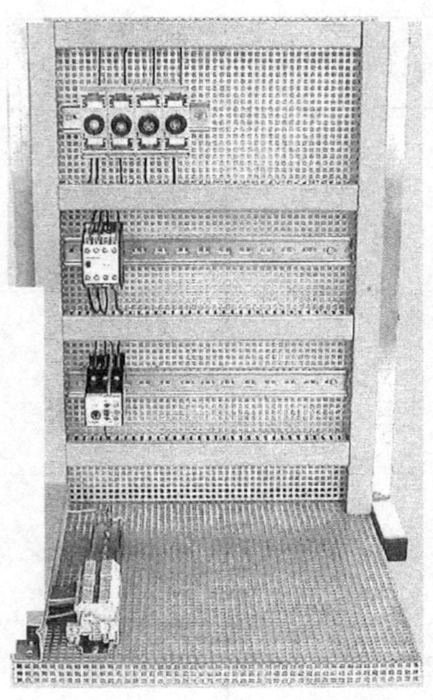

图 2-6　布线完成效果

二、收集信息

1. 什么是电气控制线路？

2. 主电路和控制电路指的是什么？

3. 常见的电器元件有哪些？请将它们填入表 2-3 中。

表 2-3　常见的电器元件

名称	电路符号	功能

4. 如何读懂电气控制线路原理图？

5. 导线颜色的使用有哪些要求？

6. 剥导线时要注意哪些事项？

7. 为什么电气连接中接触电阻要尽可能地小？

8. 端子板的一侧允许接多少根导线？

9. 什么是端子接线图？

10. 电路原理图如图 2-7 所示，请分析该电路的功能。

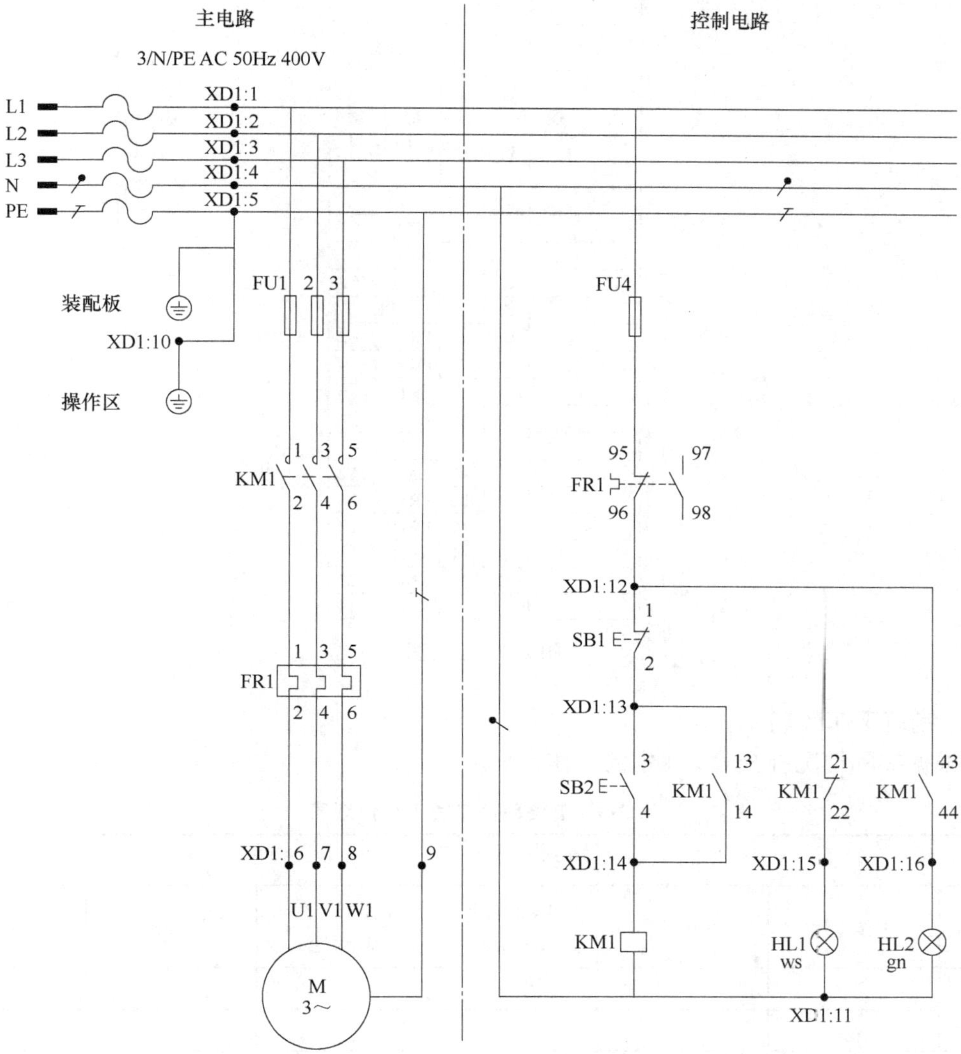

图 2-7　电路原理图

11. 接线图如图 2-8 所示，请补充完整。

端子板XD1					
目标		连接桥	接线号	目标	
部件	接口			部件	接口
		○	1	FU1	
		○	2	FU2	
		○	3	FU3	
		○	4	KM1	A2
		○	5	PE	
		○	6	FR1	2
		○	7	FR1	4
		○	8	FR1	6
		○	9		
		○	10		
		○	11	KM1	A2
		○	12	FR1	96
		○	13	KM1	13
		○	14	KM1	14
		○	15	KM1	22
		○	16	KM1	44

图 2-8　接线图

三、制订工作计划

请根据实际情况补全表 2-4 中的工作计划。

表 2-4　电路部件布线工作计划表

项目：			任务：			
序号	工作步骤	注意事项	工具/需求支援	工作安全性/环保性	计划工作时间	实际工作时间

四、工作计划决策

1. 各组同学上台展示本组的工作计划，教师和其他组的同学给出评价和建议。

2. 投票选出最优的工作计划，并制作评优表，写明中选理由。

五、实施工作计划

1. 实施电路部件的布线。

2. 记录实施过程的要点。

六、考核评价

对装配好的电气部件进行检查，填写表 2-5 和表 2-6。

表 2-5　电气部件布线目视检查评价表

<table>
<tr><td colspan="3">学习领域：机器人电气控制单元的制作</td><td colspan="4">项目：电气控制柜的安装</td></tr>
<tr><td colspan="3">任务名称：电气控制线路的安装</td><td colspan="4">小组（　　）　个人（　　）</td></tr>
<tr><td colspan="3">组名（姓名）：</td><td colspan="4">学号　　　　工位号　　　　工件号</td></tr>
<tr><td colspan="3">班级：</td><td colspan="4">日期：</td></tr>
<tr><td rowspan="2">序号</td><td rowspan="2">姓名</td><td rowspan="2">检查项目</td><td rowspan="2">检查标准</td><td colspan="3">评分（10-9-7-5-3-0）</td></tr>
<tr><td>自我评分</td><td>他人评分</td><td>差异</td></tr>
<tr><td></td><td></td><td>电气部件安装</td><td>电气部件布局合理；方便安装接线；安装牢固；无安全隐患</td><td></td><td></td><td></td></tr>
<tr><td></td><td></td><td></td><td></td><td></td><td></td><td></td></tr>
<tr><td></td><td></td><td></td><td></td><td></td><td></td><td></td></tr>
<tr><td></td><td></td><td></td><td></td><td></td><td></td><td></td></tr>
<tr><td></td><td></td><td></td><td></td><td></td><td></td><td></td></tr>
<tr><td></td><td></td><td></td><td></td><td></td><td></td><td></td></tr>
<tr><td></td><td></td><td></td><td></td><td></td><td></td><td></td></tr>
<tr><td></td><td></td><td></td><td></td><td></td><td></td><td></td></tr>
<tr><td></td><td></td><td></td><td></td><td></td><td></td><td></td></tr>
</table>

表 2-6 电气部件布线测量评价表

<table>
<tr><td colspan="3">学习领域：机器人电气控制单元的制作</td><td colspan="6">项目：6 轴机器人</td></tr>
<tr><td colspan="3">任务名称：电气控制线路的安装</td><td colspan="6">小组（ ） 个人（ ）</td></tr>
<tr><td colspan="3">组名（姓名）：</td><td>学号</td><td></td><td>工位号</td><td></td><td>工件号</td><td></td></tr>
<tr><td colspan="3">班级：</td><td colspan="6">日期：</td></tr>
<tr><td rowspan="2">序号</td><td rowspan="2">姓名</td><td rowspan="2">检查项目</td><td rowspan="2">检查标准</td><td colspan="5">评分（10 或 0）</td></tr>
<tr><td>测量结果</td><td>自我评分</td><td>测量结果</td><td>他人评分</td><td>差异</td></tr>
<tr><td></td><td></td><td></td><td></td><td></td><td></td><td></td><td></td><td></td></tr>
<tr><td></td><td></td><td></td><td></td><td></td><td></td><td></td><td></td><td></td></tr>
<tr><td></td><td></td><td></td><td></td><td></td><td></td><td></td><td></td><td></td></tr>
<tr><td></td><td></td><td></td><td></td><td></td><td></td><td></td><td></td><td></td></tr>
<tr><td></td><td></td><td></td><td></td><td></td><td></td><td></td><td></td><td></td></tr>
<tr><td></td><td></td><td></td><td></td><td></td><td></td><td></td><td></td><td></td></tr>
<tr><td></td><td></td><td></td><td></td><td></td><td></td><td></td><td></td><td></td></tr>
<tr><td></td><td></td><td></td><td></td><td></td><td></td><td></td><td></td><td></td></tr>
</table>

学习活动 3　带有按钮和交流接触器联锁的转向交流接触器电路

学习目标

1. 能理解交流接触器联锁控制的原理。
2. 能运用交流接触器完成电动机的转向控制。
3. 能完成控制电路的测试。

建议学时：12 学时。

学习过程

一、接受任务

请分析图 2-9 所示的电路原理图，准备所需的工具材料，并安排合理的工作计划完成电

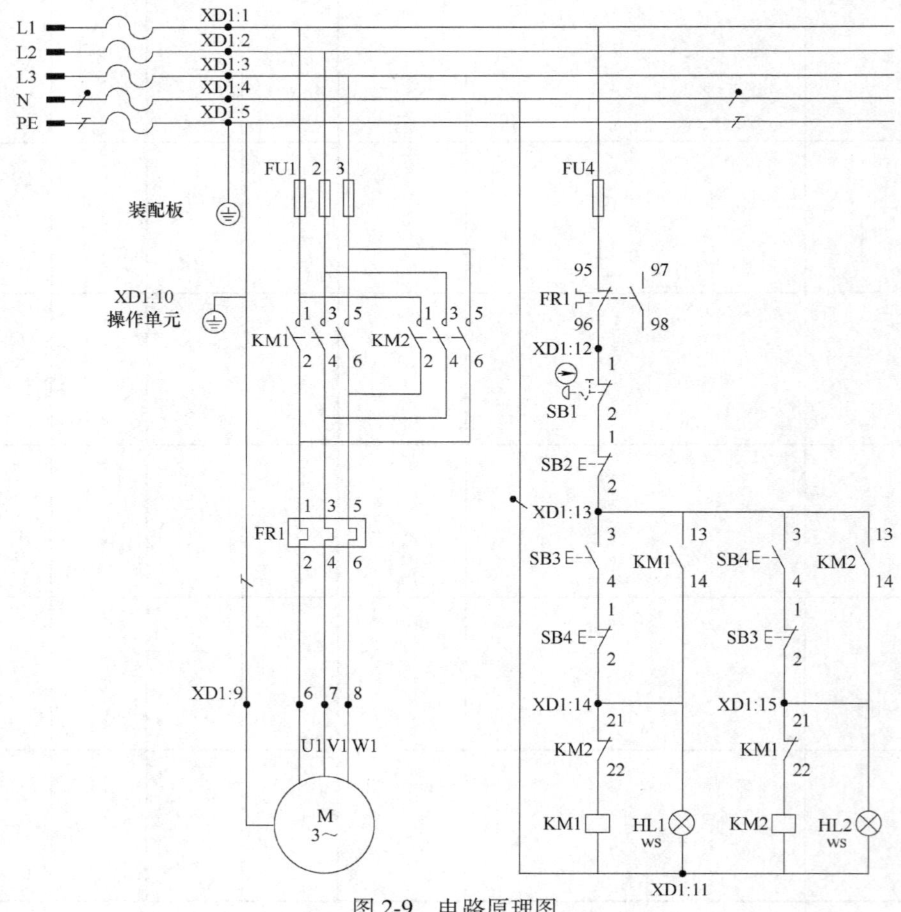

图 2-9　电路原理图

路的安装。要求安装接线规范，工作过程体现职业素养。

二、收集信息

1. 电路中哪个部件作为短路保护？哪个部件作为过载保护？

2. 交流接触器 KM1 和 KM2 同时吸合会导致主电路短路，通过哪些措施可以在电路中避免这种情况发生？

3. 电动机如何实现正反转？

4. 控制电路如何保持电动机持续转动？

5. 请对电路功能进行分析。

6. 装配图如图 2-10 所示。

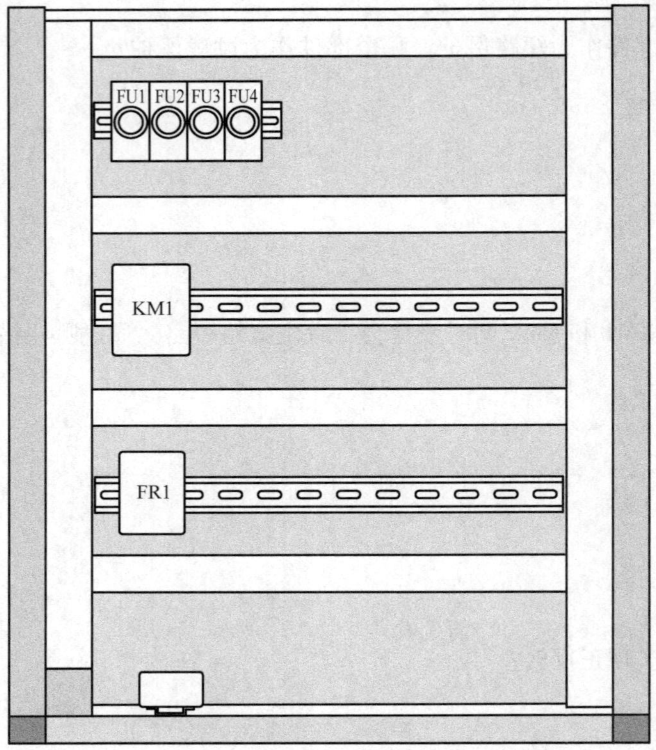

图 2-10　装配图

7. 接线图如图 2-11 所示，请补充完整。

端子板XD1					
目标		连接桥	接线号	目标	
部件	接口			部件	接口
		○	1		
		○	2		
		○	3		
		○	4		
		○	5		
		○	6		
		○	7		
		○	8		
		○	9		
		○	10		
		○	11		
		○	12		
		○	13		
		○	14		
		○	15		

图 2-11　接线图

8. 工具材料清单见表 2-7，请按实际情况填写。

表 2-7　带有按钮和交流接触器联锁的转向交流接触器电路工具材料清单

序号	工具材料	数量	附注

（续）

序号	工具材料	数量	附注

三、制订工作计划

请根据实际情况补全表 2-8 中的工作计划。

表 2-8　带有按钮和交流接触器联锁的转向交流接触器电路工作计划表

项目：			任务：			
序号	工作步骤	注意事项	工具/需求支援	工作安全性/环保性	计划工作时间	实际工作时间

四、工作计划决策

1. 各组同学上台展示本组的工作计划，教师和其他组的同学给出评价和建议。

2. 投票选出最优的工作计划，并制作评优表，写明中选理由。

五、实施工作计划

1. 实施电路的安装接线。

2. 记录实施过程的要点。

六、考核评价

对安装好的电路进行检查，填写表2-9和表2-10。

表2-9 带有按钮和交流接触器联锁的转向交流接触器电路目视检查评价表

<table>
<tr><td colspan="3">学习领域：机器人电气控制单元的制作</td><td colspan="4">项目：电气控制柜的安装</td></tr>
<tr><td colspan="3">任务名称：电气控制线路的安装</td><td colspan="4">小组（　　）　个人（　　）</td></tr>
<tr><td colspan="3">组名（姓名）：</td><td colspan="4">学号 　　 工位号 　　 工件号</td></tr>
<tr><td colspan="3">班级：</td><td colspan="4">日期：</td></tr>
<tr><td rowspan="2">序号</td><td rowspan="2">姓名</td><td rowspan="2">检查项目</td><td rowspan="2">检查标准</td><td colspan="3">评分（10-9-7-5-3-0）</td></tr>
<tr><td>自我评分</td><td>他人评分</td><td>差异</td></tr>
<tr><td></td><td></td><td>电气部件安装</td><td>电气部件布局合理；方便安装接线；安装牢固；无安全隐患</td><td></td><td></td><td></td></tr>
<tr><td></td><td></td><td></td><td></td><td></td><td></td><td></td></tr>
<tr><td></td><td></td><td></td><td></td><td></td><td></td><td></td></tr>
<tr><td></td><td></td><td></td><td></td><td></td><td></td><td></td></tr>
<tr><td></td><td></td><td></td><td></td><td></td><td></td><td></td></tr>
<tr><td></td><td></td><td></td><td></td><td></td><td></td><td></td></tr>
<tr><td></td><td></td><td></td><td></td><td></td><td></td><td></td></tr>
<tr><td></td><td></td><td></td><td></td><td></td><td></td><td></td></tr>
<tr><td></td><td></td><td></td><td></td><td></td><td></td><td></td></tr>
</table>

表 2-10　带有按钮和交流接触器联锁的转向交流接触器电路测量评价表

学习领域：机器人电气控制单元的制作			项目：6 轴机器人					
任务名称：电气控制线路的安装			小组（　）　个人（　）					
组名（姓名）：			学号		工位号		工件号	
班级：			日期：					
序号	姓名	检查项目	检查标准	评分（10 或 0）				
				测量结果	自我评分	测量结果	他人评分	差异

学习活动 4　带有按钮和交流接触器联锁以及末端断路的转向交流接触器电路

学习目标

1. 能理解交流接触器联锁控制的原理。
2. 能运用交流接触器完成电动机的转向控制。
3. 能完成控制电路的测试。

建议学时：12 学时。

学习过程

一、接受任务

请将带有按钮和交流接触器联锁的转向交流接触器电路进行改造，使之增加末端断路功能，即当末端限位开关检测到信号时，电动机停止转动，随后往反方向转动，如此往复。请设计符合上述功能的电路图，且确保电路安全可靠，并完成电路的安装接线。

二、收集信息

1. 如何设计末端电路？

2. 如何实现电动机的不断往返运行？

3. 安全极限按钮的“冗余性”作何解释？

4. 电路中应当加入哪些保护措施？

5. 请画出电路原理图。

三、制订工作计划

请根据实际情况补全表 2-11 中的工作计划。

表 2-11　带有按钮和交流接触器联锁以及末端断路的转向交流接触器电路工作计划表

项目：			任务：			
序号	工作步骤	注意事项	工具/需求支援	工作安全性/环保性	计划工作时间	实际工作时间

四、工作计划决策

1. 各组同学上台展示本组的工作计划，教师和其他组的同学给出评价和建议。

2. 投票选出最优的工作计划，并制作评优表，写明中选理由。

五、实施工作计划

1. 实施电路的安装接线。

2. 记录实施过程的要点。

六、考核评价

对安装好的电路进行检查，填写表 2-12～表 2-15。

表 2-12　带有按钮和交流接触器联锁以及末端断路的转向交流接触器电路目视检查评价表

<table>
<tr><td colspan="3">学习领域：机器人电气控制单元的制作</td><td colspan="7">项目：电气控制柜的安装</td></tr>
<tr><td colspan="3">任务名称：电气控制线路的安装</td><td colspan="7">小组（　　）　个人（　　）</td></tr>
<tr><td colspan="3">组名（姓名）：</td><td>学号</td><td></td><td>工位号</td><td></td><td>工件号</td><td colspan="2"></td></tr>
<tr><td colspan="3">班级：</td><td colspan="7">日期：</td></tr>
<tr><td rowspan="2">序号</td><td rowspan="2">姓名</td><td rowspan="2">检查项目</td><td colspan="4" rowspan="2">检查标准</td><td colspan="3">评分（10-9-7-5-3-0）</td></tr>
<tr><td>自我评分</td><td>他人评分</td><td>差异</td></tr>
<tr><td></td><td></td><td>电气部件安装</td><td colspan="4">电气部件布局合理；方便安装接线；安装牢固；无安全隐患</td><td></td><td></td><td></td></tr>
<tr><td></td><td></td><td></td><td colspan="4"></td><td></td><td></td><td></td></tr>
<tr><td></td><td></td><td></td><td colspan="4"></td><td></td><td></td><td></td></tr>
<tr><td></td><td></td><td></td><td colspan="4"></td><td></td><td></td><td></td></tr>
<tr><td></td><td></td><td></td><td colspan="4"></td><td></td><td></td><td></td></tr>
<tr><td></td><td></td><td></td><td colspan="4"></td><td></td><td></td><td></td></tr>
<tr><td></td><td></td><td></td><td colspan="4"></td><td></td><td></td><td></td></tr>
<tr><td></td><td></td><td></td><td colspan="4"></td><td></td><td></td><td></td></tr>
<tr><td></td><td></td><td></td><td colspan="4"></td><td></td><td></td><td></td></tr>
</table>

表 2-13　带有按钮和交流接触器联锁以及末端断路的转向交流接触器电路测量评价表

<table>
<tr><td colspan="3">学习领域：机器人电气控制单元的制作</td><td colspan="6">项目：6 轴机器人</td></tr>
<tr><td colspan="3">任务名称：电气控制线路的安装</td><td colspan="6">小组（　　）　个人（　　）</td></tr>
<tr><td colspan="3">组名（姓名）：</td><td>学号</td><td></td><td>工位号</td><td></td><td>工件号</td><td></td></tr>
<tr><td colspan="3">班级：</td><td colspan="6">日期：</td></tr>
<tr><td rowspan="2">序号</td><td rowspan="2">姓名</td><td rowspan="2">检查项目</td><td rowspan="2">检查标准</td><td colspan="5">评分（10 或 0）</td></tr>
<tr><td>测量结果</td><td>自我评分</td><td>测量结果</td><td>他人评分</td><td>差异</td></tr>
<tr><td></td><td></td><td></td><td></td><td></td><td></td><td></td><td></td><td></td></tr>
<tr><td></td><td></td><td></td><td></td><td></td><td></td><td></td><td></td><td></td></tr>
<tr><td></td><td></td><td></td><td></td><td></td><td></td><td></td><td></td><td></td></tr>
<tr><td></td><td></td><td></td><td></td><td></td><td></td><td></td><td></td><td></td></tr>
<tr><td></td><td></td><td></td><td></td><td></td><td></td><td></td><td></td><td></td></tr>
<tr><td></td><td></td><td></td><td></td><td></td><td></td><td></td><td></td><td></td></tr>
<tr><td></td><td></td><td></td><td></td><td></td><td></td><td></td><td></td><td></td></tr>
<tr><td></td><td></td><td></td><td></td><td></td><td></td><td></td><td></td><td></td></tr>
</table>

表 2-14　电气控制线路的安装任务核心能力评价表

<table>
<tr><td colspan="5">学习领域：机器人电气控制单元的制作</td><td colspan="5">项目：6 轴机器人</td></tr>
<tr><td colspan="5">任务名称：电气控制线路的安装</td><td colspan="5">小组（　　）　个人（　　）</td></tr>
<tr><td colspan="5">组名（姓名）：</td><td colspan="5">学号　　　工位号　　　工件号</td></tr>
<tr><td colspan="5">班级：</td><td colspan="5">日期：</td></tr>
<tr><td rowspan="2">序号</td><td colspan="4">行为概况</td><td colspan="2">期待表现</td><td colspan="3">评分（0-1-2）</td></tr>
<tr><td>能力种类</td><td>能力序号</td><td>专业阶段</td><td>指标考核</td><td>行为指标</td><td>选择该指标的理由</td><td>自我评分</td><td>教师/他人评分</td><td>差异</td></tr>
<tr><td>1</td><td>I</td><td>1</td><td>1</td><td>1</td><td>乐意接受教师提出的学习任务（指令）</td><td></td><td></td><td></td><td></td></tr>
<tr><td>2</td><td>I</td><td>3</td><td>1</td><td>2</td><td>检查个人学习输出成果的精确度和完整性，找出其中前后不一或存在矛盾差异等关乎工作质量的问题</td><td></td><td></td><td></td><td></td></tr>
<tr><td>3</td><td>M</td><td>1</td><td>1</td><td>2</td><td>搜集在厘清状况、完成任务或做决策时所需要的信息</td><td></td><td></td><td></td><td></td></tr>
<tr><td>4</td><td>M</td><td>2</td><td>2</td><td>1</td><td>明晰学习（工作）任务的参与者与时间安排</td><td></td><td></td><td></td><td></td></tr>
<tr><td>5</td><td>S</td><td>2</td><td>1</td><td>2</td><td>完成公平分配的分内工作。视需要寻求其他团队成员的协助</td><td></td><td></td><td></td><td></td></tr>
</table>

注：评分时，0 代表差，1 代表一般，2 代表良好。

表 2-15　电气控制线路的安装任务汇总表

<table>
<tr><td colspan="3">学习领域：机器人电气控制单元的制作</td><td colspan="4">项目：6 轴机器人</td></tr>
<tr><td colspan="3">任务名称：电气控制线路的安装</td><td colspan="4">小组（　　）　个人（　　）</td></tr>
<tr><td colspan="3">组名（姓名）：</td><td colspan="4">学号　　　工位号　　　工件号</td></tr>
<tr><td colspan="3">班级：</td><td colspan="4">日期：</td></tr>
<tr><td>序号</td><td>评估项目</td><td>各项评分合计</td><td>各项指标数量</td><td>百分制得分</td><td>权重</td><td>得分</td></tr>
<tr><td></td><td></td><td></td><td></td><td></td><td></td><td></td></tr>
<tr><td></td><td></td><td></td><td></td><td></td><td></td><td></td></tr>
<tr><td></td><td></td><td></td><td></td><td></td><td></td><td></td></tr>
<tr><td></td><td></td><td></td><td></td><td></td><td></td><td></td></tr>
<tr><td></td><td></td><td></td><td></td><td></td><td></td><td></td></tr>
<tr><td></td><td></td><td></td><td></td><td></td><td></td><td></td></tr>
<tr><td></td><td></td><td></td><td></td><td></td><td></td><td></td></tr>
<tr><td></td><td></td><td></td><td></td><td></td><td></td><td></td></tr>
</table>

七、反馈

1. 简要描述你执行这个项目的行动步骤。

2. 在进行这个项目的过程中你有何收获？

3. 如果下次获得一个类似的任务，你能在什么地方进行改进？

4. 如果有必要，你的同事需要了解哪些信息以便能顺利接任你的工作？

学习任务3

机器人驱动系统的安装

学习目标

1. 能在作业过程中严格遵守安全文明生产规范、仪器使用规范、环保管理制度以及8S管理规定。

2. 能掌握步进电动机的定义、结构、工作原理、分类。

3. 能掌握步进驱动系统的组成。

4. 能根据步进驱动系统的接线图，按照技术要求完成接线。

5. 能掌握伺服电动机的基本知识。

建议学时

30学时。

工作任务描述

某工业机器人生产企业接到一批小负载的6轴桌面机器人的生产订单，机械生产和装配部门已经完成了本体铸件、连接轴承、减速器和步进电动机等结构的安装，现需要给组装好的本体安装驱动系统。电控组组长向电控安装工下达机器人驱动系统的安装任务并发放安装任务单，安装工在规定的工期内按照生产技术指标完成6轴桌面机器人驱动系统的安装。

该企业与我校有密切的合作关系，我校希望工业机器人班级的学生能够参与一些该企业的生产工作，以增加学生的实际工作经验，加强毕业后就业的适应能力。经过学校与企业的沟通，该企业同意工业机器人班级的学生在教师的指导下参与6轴桌面机器人驱动系统的安装任务。

6个步进电动机已经安装在机器人本体的6个轴上，现需要学生们完成步进驱动器在控制柜中的安装、步进电动机与步进驱动器的接线、步进驱动器与电源的接线、步进驱动器与三菱FX3U PLC的接线。同学们要以小组合作的方式，在规定工期内完成安装任务，要求如下：接线准确、布线合理规范。

工作流程与活动

1. 接受驱动系统安装任务并明确任务要求（1学时）。

2. 步进驱动系统安装的信息收集（12 学时）。
3. 制订步进驱动系统安装的工作计划（1 学时）。
4. 对步进驱动系统安装的工作计划进行决策（2 学时）。
5. 实施步进驱动系统的安装（11 学时）。
6. 对安装好的桌面机器人进行检查与评价（3 学时）。

学习活动 1　接受驱动系统安装任务并明确任务要求

学习目标

1. 学会填写生产任务单。
2. 能说出机器人“轴”的含义。
3. 能通过观察了解机器人驱动系统的组成。
4. 能明确本任务的工作内容。
5. 能找出学习任务的知识点。

建议学时：1 学时。

学习过程

1. 画出任务单上的关键词。

2. 6 轴机器人的“6 轴”指的是什么？

3. 机器人怎么实现每个轴的运动？

4. RB08 型机器人的驱动系统由哪些部件组成？请用思维导图画出来。

5. 根据机器人驱动系统的相关知识，结合任务描述，要完成机器人驱动系统的安装，需要做哪些工作？

6. 要完成这些安装工作，需要具备哪些知识？请制作一份工作能力要求思维导图。

学习活动 2　步进驱动系统安装的信息收集

学习目标

1. 能说出步进电动机的定义。
2. 能在图样上标出步进电动机的结构名称。
3. 能说出步进电动机的工作原理和工作方式。
4. 学会运用公式计算步距角。
5. 学会通过查阅资料学习步进电动机主要参数的含义。
6. 学会通过选型手册查阅步进电动机和驱动器的参数及使用方法。
7. 通过查阅资料了解步进电动机的优缺点。
8. 通过查阅资料了解步进电动机与伺服电动机的异同。

建议学时：12 学时。

学习过程

1. 步进电动机的定义。

步进电动机是一种将____________信号转换成____________位移或____________位移的执行元件，又称为脉冲电动机。

2. 步进电动机的分类。

（1）按励磁方式分类：

1）____。

2）____。

3）____。

（2）按运动方式分类：

1）____。

2）____。

3）____。

3. 步进电动机的结构特点。

反应式步进电动机由________和________两大部分组成。

4. 标出图 3-1 所示步进电动机内部结构中各部件的名称。

5. 步进电动机的工作原理。

（1）了解步距角的概念。

步进电动机每接收到一个________（称为一拍），它就按设定的方向转动一个________的角度，称为步距角，常见的有 3°/1. 5°、1. 5°/0. 75°、3. 6°/1. 8°。

（2）由图 3-2 可知，这是一个________齿________相的步进电动机。

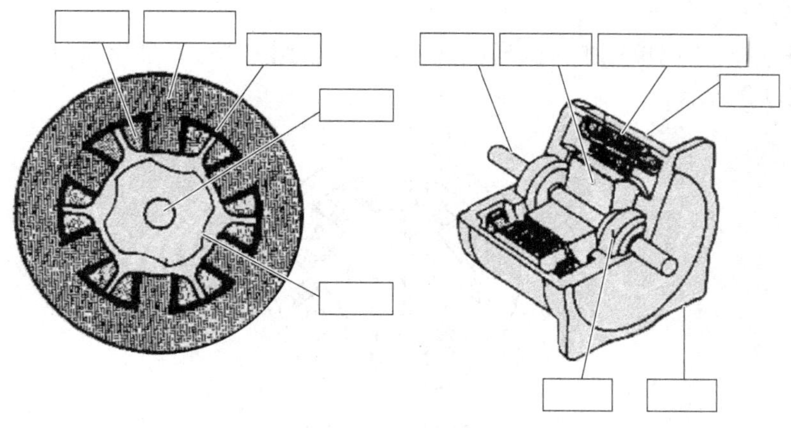

a) 内部结构

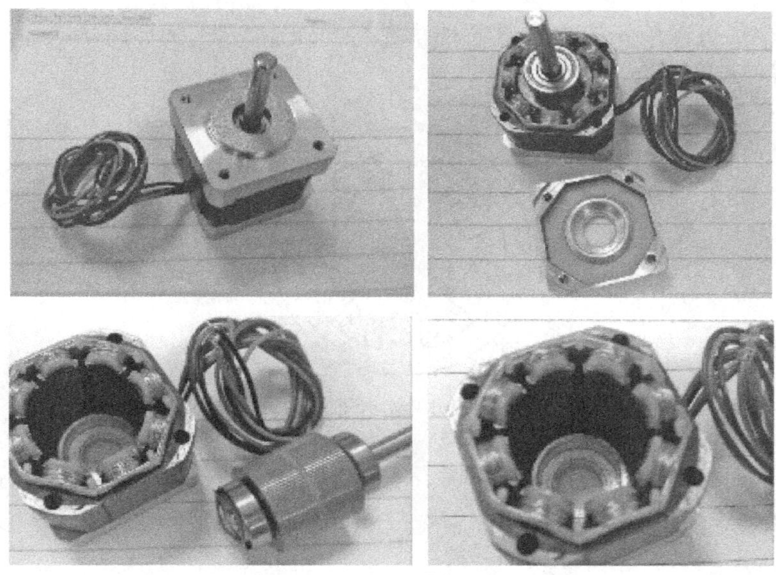

b) 实物图

图 3-1 步进电动机的内部结构及实物图

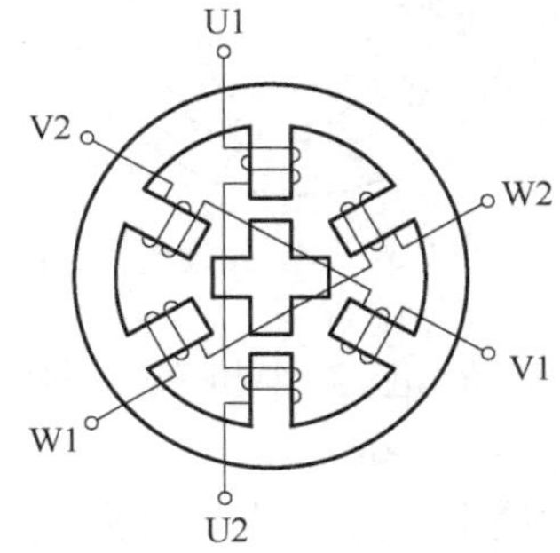

图 3-2 步进电动机绕组的结构示意图

（3）工作过程。

1）当步进电动机以单三拍方式通电时，若 U 相通电，V、W 相不通电，且 1、3 齿与 U 相对齐，如图 3-3 所示。

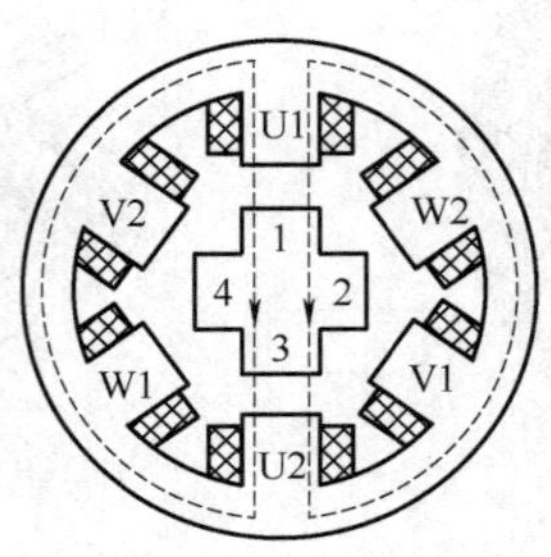

图 3-3　U 相通电

2）当步进电动机以单三拍方式通电时，若 V 相通电，U、W 相不通电，请在图 3-4 中画出转子的位置。

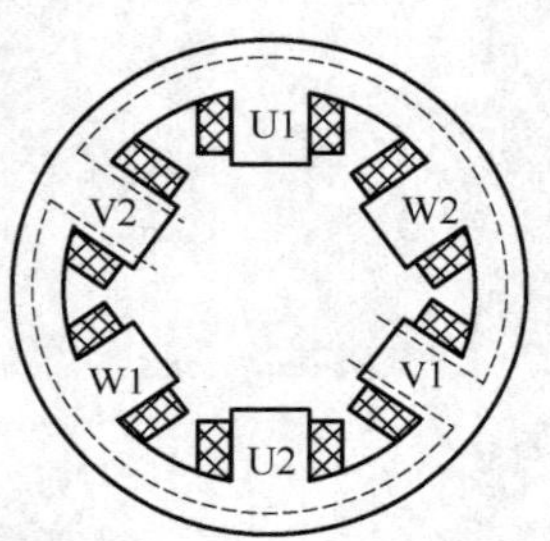

图 3-4　V 相通电

3）当步进电动机以单三拍方式通电时，若 W 相通电，U、V 相不通电，请在图 3-5 中画出转子的位置。

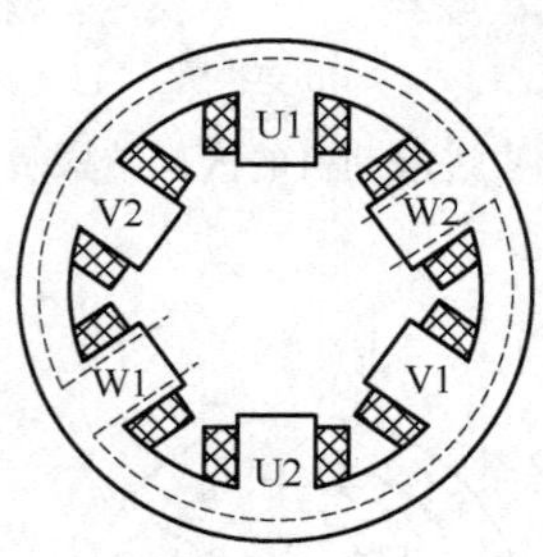

图 3-5　W 相通电

（4）由上述工作情况可知，步进电动机的转角由__________控制，转速由__________控制，转向由__________确定。

（5）进一步了解双三拍和六拍通电方式下转子的转动状态。

6. 步进电动机的工作特点。

（1）步进电动机工作时，每相绕组由专门的驱动电源通过“环形分配器”按一定规律轮流通电。

- 状态数=相数——________分配方式，如三相单三拍、四相双四拍等。
- 状态数=相数的2倍——________分配方式，如三相六拍、四相八拍等。

（2）步进电动机的步距角计算公式为

$$\theta = 360° / NE_r$$

式中，θ 为步距角；E_r 为转子齿数；N 为运行拍数，$N=km$，m 为步进电动机的绕组相数，k 为通电系数（单拍制为1，双拍制为2）。

计算转子齿数为4、绕组相数为3的步进电动机以单拍制通电时的步距角。

7. 步进电动机的主要参数见表3-1，请补充各参数的含义。

表3-1　步进电动机的主要参数及其含义

参数	含义
相数	
拍数	
保持转矩	
步距角	
定位转矩	
失步	
失调角	
运行矩频特性	

8. 查阅山社步进电动机选型手册，了解SS1102A10A、SS1703A15A、SS1704A20A、SS2402C58A等型号步进电动机的特性，找出步距角、额定电流、接线方法（允许使用手机，限时30min）。

9. 查阅资料，写出步进电动机驱动器细分的作用和意义。

10. 查阅山社步进驱动器选型手册，掌握 MD2322 型步进电动机驱动器的使用方法，标出各端口的作用，并要掌握电流、电压的设置方法。

11. 查阅资料，找出步进电动机的优缺点，填入表 3-2 中。

表 3-2 步进电动机的优缺点

优点	缺点

12. 查阅资料，认知伺服电动机的基本知识，以及与步进电动机的区别。

学习活动 3 制订步进驱动系统安装的工作计划

学习目标

1. 能根据任务要求制订工作计划。
2. 能正确领取工具和材料。

3. 能合理地进行人员分工。
4. 能跟组内成员进行有效沟通，汇集全组人的意见。
建议学时：1 学时。

学习过程

1. 画出步进驱动系统的接线图。

2. 填写工作计划表（见表 3-3）。

表 3-3　机器人驱动系统的安装工作计划表

姓名：				日期：		
项目：6 轴机器人			任务：机器人驱动系统的安装			
序号	工作步骤	注意事项	工具/支援需求	操作安全性/环保性	计划工作时间	实际工作时间

学习活动 4　对步进驱动系统安装的工作计划进行决策

学习目标

1. 能清晰地向全班同学展示和表达本组的工作计划。
2. 能认真聆听其他组的工作计划，客观地找出优缺点。
3. 能根据讨论的意见合理优化工作计划。

建议学时：2 学时。

学习过程

1. 各组同学上台展示本组的工作计划，教师和其他组的同学给出评价和建议。

2. 投票选出最优的工作计划，并制作评优表，写明中选理由。

学习活动 5　实施步进驱动系统的安装

学习目标

1. 能根据工作计划实施步进电动机驱动系统的安装。
2. 能在实施工作计划的过程中遵循 8S 管理规定。
3. 能对工作步骤进行总结。
4. 能对工作过程进行自我反思。
5. 能找出改进的方法。

建议学时：11 学时。

学习过程

1. 实施步进驱动系统的安装。

2. 记录实施过程的要点。

学习活动 6 对安装好的桌面机器人进行检查与评价

学习目标

1. 能客观地对完成安装的驱动系统进行自我评估。
2. 能认真填写好评估表。
3. 能虚心接受他人评价。

建议学时：3 学时。

学习过程

一、填写驱动系统安装评价表

请客观、认真地填写表 3-4。

表 3-4 驱动系统安装评价表

<table>
<tr><td colspan="8">目视检查评价表</td></tr>
<tr><td colspan="3">学习领域：机器人电气控制单元的制作</td><td colspan="5">项目：6 轴机器人</td></tr>
<tr><td colspan="3">任务名称：机器人驱动系统的安装</td><td colspan="5">小组（ ） 个人（ ）</td></tr>
<tr><td colspan="3">组名（姓名）：</td><td>学号</td><td></td><td>工位号</td><td></td><td>工件号</td></tr>
<tr><td colspan="3">班级：</td><td colspan="5">日期：</td></tr>
<tr><td rowspan="2">序号</td><td rowspan="2">姓名</td><td rowspan="2">检查项目</td><td rowspan="2">检查标准</td><td colspan="3">评分（10-9-7-5-3-0）</td></tr>
<tr><td>自我评分</td><td>他人评分</td><td>差异</td></tr>
<tr><td></td><td></td><td>元器件安装</td><td>步进驱动器、PLC、电源布局合理；方便安装接线；安装牢固；无安全隐患</td><td></td><td></td><td></td></tr>
<tr><td></td><td></td><td>布线规范</td><td>导线的种类和规格选用恰当；用不同颜色的导线区分不同的信号；导线连接牢固；无露铜；导线的走线规范合理；导线整齐美观；导线连接正确</td><td></td><td></td><td></td></tr>
<tr><td></td><td></td><td></td><td></td><td></td><td></td><td></td></tr>
<tr><td></td><td></td><td></td><td></td><td></td><td></td><td></td></tr>
<tr><td></td><td></td><td></td><td></td><td></td><td></td><td></td></tr>
</table>

（续）

序号	姓名	检查项目	检查标准	评分（10-9-7-5-3-0）		
				自我评分	他人评分	差异

功能性检查评价表

<table>
<tr><td colspan="4">学习领域：机器人电气控制单元的制作</td><td colspan="6">项目：6 轴机器人</td></tr>
<tr><td colspan="4">任务名称：机器人驱动系统的安装</td><td colspan="6">小组（　　）　个人（　　）</td></tr>
<tr><td colspan="4">组名（姓名）：</td><td>学号</td><td></td><td>工位号</td><td></td><td>工件号</td><td></td></tr>
<tr><td colspan="4">班级：</td><td colspan="6">日期：</td></tr>
<tr><td rowspan="2">序号</td><td rowspan="2">姓名</td><td rowspan="2">检查项目</td><td rowspan="2">检查标准</td><td colspan="6">评分（10-9-7-5-3-0）</td></tr>
<tr><td colspan="2">自我评分</td><td colspan="2">他人评分</td><td colspan="2">差异</td></tr>
<tr><td></td><td></td><td>PLC</td><td>PLC 电源指示灯正常</td><td colspan="2"></td><td colspan="2"></td><td colspan="2"></td></tr>
<tr><td></td><td></td><td>步进驱动器</td><td>步进驱动器工作指示灯正常</td><td colspan="2"></td><td colspan="2"></td><td colspan="2"></td></tr>
</table>

（续）

序号	姓名	检查项目	检查标准	评分（10-9-7-5-3-0）		
				自我评分	他人评分	差异

测量评价表

学习领域：机器人电气控制单元的制作			项目：6 轴机器人					
任务名称：机器人驱动系统的安装			小组（ ） 个人（ ）					
组名（姓名）：			学号		工位号		工件号	
班级：			日期：					
序号	姓名	测量项目	测量标准	评分（10 或 0）				
				测量结果	自我评分	测量结果	他人评分	差异
		PLC 的工作电压	L 端与 N 端电压为 AC 220V；输入和输出电压均为 DC 24V					
		导线连接	导线连接两端时的电阻接近 0Ω					

（续）

<table>
<tr><td colspan="13">核心能力评价表</td></tr>
<tr><td colspan="6">学习领域：机器人电气控制单元的制作</td><td colspan="7">项目：6 轴机器人</td></tr>
<tr><td colspan="6">任务名称：机器人驱动系统的安装</td><td colspan="7">小组（　　）　个人（　　）</td></tr>
<tr><td colspan="6">组名（姓名）：</td><td>学号</td><td></td><td>工位号</td><td></td><td>工件号</td><td colspan="2"></td></tr>
<tr><td colspan="6">班级：</td><td colspan="7">日期：</td></tr>
<tr><td rowspan="2">序号</td><td colspan="4">行为概况</td><td colspan="5">期待表现</td><td colspan="3">评分（0-1-2）</td></tr>
<tr><td>能力种类</td><td>能力序号</td><td>专业阶段</td><td>指标考核</td><td>行为指标</td><td colspan="4">选择该指标的理由</td><td>自我评分</td><td>教师/他人评分</td><td>差异</td></tr>
<tr><td>1</td><td>I</td><td>1</td><td>1</td><td>1</td><td>乐意接受教师提出的学习任务（指令）</td><td colspan="4"></td><td></td><td></td><td></td></tr>
<tr><td>2</td><td>I</td><td>3</td><td>1</td><td>2</td><td>检查个人学习输出成果的精确度和完整性，找出其中前后不一或存在矛盾差异等关乎工作质量的问题</td><td colspan="4"></td><td></td><td></td><td></td></tr>
<tr><td>3</td><td>M</td><td>1</td><td>1</td><td>2</td><td>搜集在厘清状况、完成任务或做决策时所需要的信息</td><td colspan="4"></td><td></td><td></td><td></td></tr>
<tr><td>4</td><td>M</td><td>2</td><td>2</td><td>1</td><td>明晰学习（工作）任务的参与者与时间安排</td><td colspan="4"></td><td></td><td></td><td></td></tr>
<tr><td>5</td><td>S</td><td>2</td><td>1</td><td>2</td><td>完成公平分配的分内工作。视需要寻求其他团队成员的协助</td><td colspan="4"></td><td></td><td></td><td></td></tr>
<tr><td colspan="13">评分时，0 代表差，1 代表一般，2 代表良好</td></tr>
</table>

<table>
<tr><td colspan="7">汇总表</td></tr>
<tr><td colspan="3">学习领域：机器人电气控制单元的制作</td><td colspan="4">项目：6 轴机器人</td></tr>
<tr><td colspan="3">任务名称：机器人驱动系统的安装</td><td colspan="4">小组（　　）　个人（　　）</td></tr>
<tr><td colspan="3">组名（姓名）：</td><td>学号</td><td>工位号</td><td>工件号</td><td></td></tr>
<tr><td colspan="3">班级：</td><td colspan="4">日期：</td></tr>
<tr><td>序号</td><td>评估项目</td><td>各项评分合计</td><td>各项指标数量</td><td>百分制得分</td><td>权重</td><td>得分</td></tr>
<tr><td></td><td>6 轴机器人</td><td></td><td></td><td></td><td></td><td></td></tr>
<tr><td></td><td></td><td></td><td></td><td></td><td></td><td></td></tr>
<tr><td></td><td></td><td></td><td></td><td></td><td></td><td></td></tr>
<tr><td></td><td></td><td></td><td></td><td></td><td></td><td></td></tr>
<tr><td></td><td></td><td></td><td></td><td></td><td></td><td></td></tr>
<tr><td></td><td></td><td></td><td></td><td></td><td></td><td></td></tr>
<tr><td></td><td></td><td></td><td></td><td></td><td></td><td></td></tr>
<tr><td></td><td></td><td></td><td></td><td></td><td></td><td></td></tr>
</table>

二、回答以下问题

1. 简要描述你执行这个项目的行动步骤。

2. 在进行这个项目的过程中你有何收获？

3. 如果下次获得一个类似的任务，你能在什么地方进行改进？

4. 如果有必要，你的同事需要了解哪些信息以便能顺利接任你的工作？

学习任务4

机器人驱动系统的调试

学习目标

1. 能在作业过程中严格遵守安全文明生产规范、仪器使用规范、环保管理制度以及 8S 管理规定。

2. 能掌握 PLC 的基础知识和工作原理。

3. 能掌握三菱 FX3U PLC 的简单编程

4. 能编写程序，实现对步进电动机的控制。

5. 能对步进驱动系统进行调试，选择合适的驱动器细分。

建议学时

30 学时。

工作任务描述

学习任务 3 中提到的 6 轴桌面机器人驱动系统的安装接线工作已完成，现需要学生们进行机器人驱动系统的调试。通过编写 PLC 程序、设置步进驱动器的细分和电流，对桌面机器人进行调试，使机器人各轴能按要求实现规定动作。同学们要以小组合作的方式，在规定工期内完成调试任务。要求如下：步进驱动器的电流、细分设置准确；步进驱动系统安装完成后，桌面机器人能正常运行。

工作流程与活动

1. 接受机器人步进驱动系统调试任务（1 学时）。

2. 机器人步进驱动系统调试的信息收集（10 学时）。

3. 制订机器人步进驱动系统调试的工作计划（2 学时）。

4. 对机器人步进驱动系统调试的工作计划进行决策（4 学时）。

5. 实施机器人步进驱动系统的调试（10 学时）。

6. 对调试好的桌面机器人进行检查与评价（3 学时）。

学习活动1　接受机器人步进驱动系统调试任务

学习目标

1. 能完成生产任务单的填写。
2. 能认识步进驱动器细分的意义。
3. 能认识机器人控制的原理。
4. 能明确本任务的工作内容。
5. 能找出学习任务的知识点。

建议学时：1学时。

学习过程

1. 画出任务书上的关键词。

2. 6轴机器人的驱动系统安装后，通过什么方式判断安装是否正确？

3. 步进电动机驱动器的细分、电流设置对电动机的运转有什么影响？

4. 如何使机器人完成指定的动作？

5. 根据机器人驱动系统的相关知识，结合任务描述，要完成机器人驱动系统的调试，需要做哪些工作？

6. 要完成这些调试工作，需要具备哪些知识？请制作一份工作能力要求思维导图。

学习活动2　机器人步进驱动系统调试的信息收集

学习目标

1. 通过查阅资料学习 PLC 的含义以及发展过程。
2. 能说出 PLC 系统的组成。

3. 能说出 PLC 的分类。
4. 能理解 PLC 的运行方式。
5. 能找出学习任务的知识点。
6. 通过三菱 PLC 编程手册学习三菱 PLC 的基本指令。
7. 学会 GX Developer 软件的使用。
8. 能够编写简单的 PLC 程序。

建议学时：10 学时。

学习过程

1. PLC 的概念。

（1）写出 PLC 的中英文全称。

（2）了解 PLC 的发展过程，写出相比传统的继电控制电路，PLC 有哪些优点。

（3）查阅资料，了解国际电工委员会（IEC）在 1987 年 2 月对 PLC 的定义。

PLC 是一种____________的电子系统，是专为在________环境下的应用而设计的。

它采用一类可编程序的存储器，用于其内部____________、执行________、________、________、________和________等面向用户的指令，并通过数字式或模拟式输入/输出，控制各种类型的机械或生产过程。

PLC 及其有关外部设备，都按易于与工业控制系统连成一个整体、易于扩充功能的原则设计。

（4）查阅资料，画出 PLC 控制系统的示意图。

（5）PLC 的分类。

1）按 I/O 分配分：

小型机　I/O 接口数<________。

中型机　I/O 接口数在________~________之间。

大型机　I/O 接口数>________。

2）按结构形式分：

________。

________。

（6）PLC 的运行方式示意图如图 4-1 所示。

1）PLC 的工作方式：按集中________、集中________、________的方式进行工作。

2）运行实例。

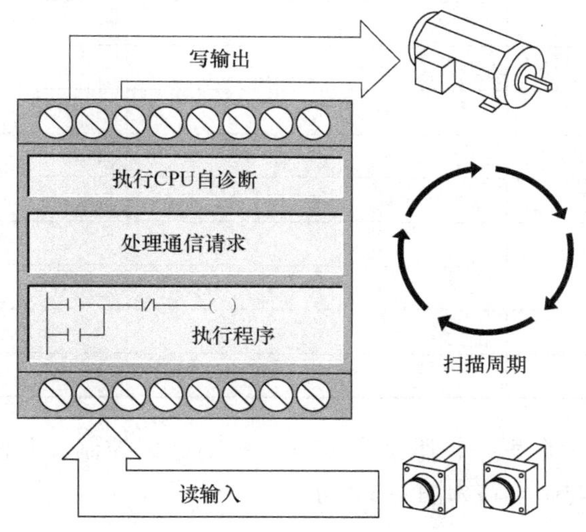

图 4-1　PLC 的运行方式示意图

（7）根据图 4-2，口述 PLC 扫描过程的中心内容。

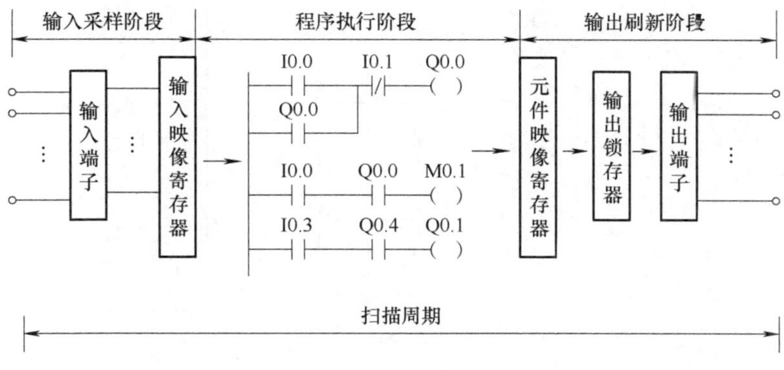

图 4-2　PLC 的扫描过程示意图

2. 查阅网络资料并参照实物，认知三菱 FX3U PLC 的端口，并画出系统外部接线图、I/O 分配表。

3. 三菱 PLC 的简单编程。

（1）查阅三菱 PLC 编程手册，制作一个常用指令使用表（样表见表 4-1）。

表 4-1　三菱 PLC 常用指令使用表

指令符号	名称	作用

（2）用梯形图编写一个程序，用来实现电动机的起停控制，并画出 PLC 接线图和 I/O 分配表。电动机的起停控制电路如图 4-3 所示。

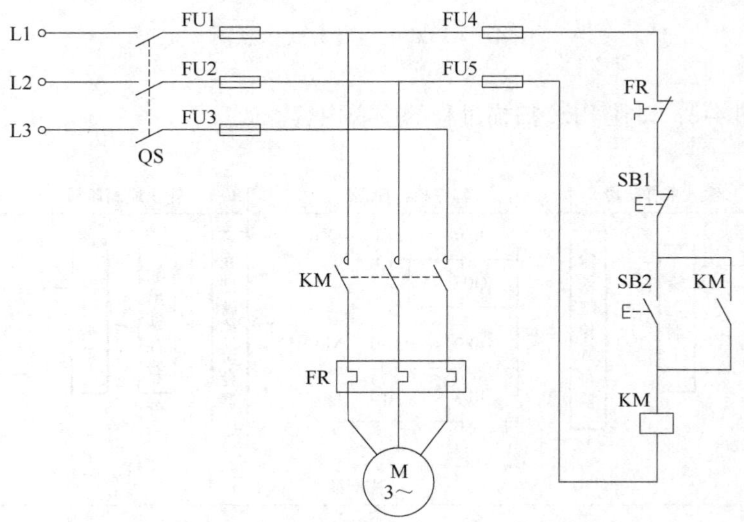

图 4-3　电动机的起停控制电路

4. GX Developer 软件的使用。

（1）根据教师演示，画出 GX Developer 软件使用方法的流程图。

（2）编写一个程序实现电动机的自锁、互锁控制，并在 GX Developer 软件上进行仿真，把仿真无误后的程序抄写在下方。

学习活动 3　制订机器人步进驱动系统调试的工作计划

学习目标

1. 能根据任务要求制订工作计划。
2. 能正确领取工具和材料。
3. 能合理地进行人员分工。
4. 能跟组内成员进行有效沟通，汇集全组人的意见。

建议学时：2 学时。

学习过程

填写工作计划表（见表 4-2）。

表 4-2　机器人驱动系统调试任务工作计划表

<table>
<tr><td colspan="2">姓名：</td><td colspan="3"></td><td>日期：</td><td></td></tr>
<tr><td colspan="3">项目：6 轴机器人</td><td colspan="4">任务：机器人驱动系统的调试</td></tr>
<tr><td>序号</td><td>工作步骤</td><td>注意事项</td><td>工具/支援需求</td><td>操作安全性/环保性</td><td>计划工作时间</td><td>实际工作时间</td></tr>
<tr><td></td><td></td><td></td><td></td><td></td><td></td><td></td></tr>
<tr><td></td><td></td><td></td><td></td><td></td><td></td><td></td></tr>
<tr><td></td><td></td><td></td><td></td><td></td><td></td><td></td></tr>
<tr><td></td><td></td><td></td><td></td><td></td><td></td><td></td></tr>
<tr><td></td><td></td><td></td><td></td><td></td><td></td><td></td></tr>
<tr><td></td><td></td><td></td><td></td><td></td><td></td><td></td></tr>
<tr><td></td><td></td><td></td><td></td><td></td><td></td><td></td></tr>
<tr><td></td><td></td><td></td><td></td><td></td><td></td><td></td></tr>
<tr><td></td><td></td><td></td><td></td><td></td><td></td><td></td></tr>
<tr><td></td><td></td><td></td><td></td><td></td><td></td><td></td></tr>
<tr><td></td><td></td><td></td><td></td><td></td><td></td><td></td></tr>
<tr><td></td><td></td><td></td><td></td><td></td><td></td><td></td></tr>
<tr><td></td><td></td><td></td><td></td><td></td><td></td><td></td></tr>
</table>

学习活动 4　对机器人步进驱动系统调试的工作计划进行决策

学习目标

1. 能清晰地向全班同学展示和表达本组的工作计划。
2. 能认真聆听其他组的工作计划，客观地找出优缺点。
3. 能根据讨论的意见合理优化工作计划。

建议学时：4 学时。

学习过程

1. 各组同学上台展示本组的工作计划，教师和其他组的同学给出评价和建议。

2. 投票选出最优的工作计划，并制作评优表，写明中选理由。

学习活动5　实施机器人步进驱动系统的调试

学习目标

1. 能根据工作计划实施步进驱动系统的调试。
2. 能在实施工作计划的过程中遵循8S管理规定。
3. 能对工作步骤进行总结。
4. 能对工作过程进行自我反思。
5. 能找出改进的方法。

建议学时：10学时。

学习过程

1. 实施步进驱动系统的调试。

2. 记录实施过程的要点。

学习活动 6　对调试好的桌面机器人进行检查与评价

学习目标

1. 能客观地对完成调试的驱动系统进行自我评估。
2. 能认真填写好评估表。
3. 能虚心接受他人评价。

建议学时：3 学时。

学习过程

一、填写驱动系统调试评价表

请客观、认真地填写表 4-3。

表 4-3　驱动系统调试评价表

<table>
<tr><td colspan="8">调试评价表</td></tr>
<tr><td colspan="3">学习领域：机器人电气控制单元的制作</td><td colspan="5">项目：6 轴机器人</td></tr>
<tr><td colspan="3">任务名称：机器人驱动系统的调试</td><td colspan="5">小组（　　）　个人（　　）</td></tr>
<tr><td colspan="3">组名（姓名）：</td><td colspan="5">学号 | | 工位号 | | 工件号 | </td></tr>
<tr><td colspan="3">班级：</td><td colspan="5">日期：</td></tr>
<tr><td rowspan="2">序号</td><td rowspan="2">姓名</td><td rowspan="2">检查项目</td><td rowspan="2">检查标准</td><td colspan="3">评分（10-9-7-5-3-0）</td></tr>
<tr><td>自我评分</td><td>他人评分</td><td>差异</td></tr>
<tr><td></td><td></td><td>步进电动机的转速</td><td>机器人的轴运动速度适中</td><td></td><td></td><td></td></tr>
<tr><td></td><td></td><td>步进电动机的细分设置</td><td>步进电动机工作无异响</td><td></td><td></td><td></td></tr>
<tr><td></td><td></td><td>机器人的动作</td><td>能按照预定的轨迹运动</td><td></td><td></td><td></td></tr>
<tr><td></td><td></td><td>PLC 与计算机的通信</td><td>程序能下载到 PLC；能在 GX Developer 中通过监视模式观察程序的执行情况</td><td></td><td></td><td></td></tr>
<tr><td></td><td></td><td>步进驱动器</td><td>按照连接的电动机参数设置电流、细分</td><td></td><td></td><td></td></tr>
<tr><td></td><td></td><td></td><td></td><td></td><td></td><td></td></tr>
<tr><td></td><td></td><td></td><td></td><td></td><td></td><td></td></tr>
</table>

（续）

序号	姓名	检查项目	检查标准	评分（10-9-7-5-3-0）		
				自我评分	他人评分	差异

核心能力评价表

学习领域：机器人电气控制单元的制作		项目：6 轴机器人			
任务名称：机器人驱动系统的调试		小组（ ） 个人（ ）			
组名（姓名）：	学号		工位号		工件号
班级：	日期：				

序号	行为概况				期待表现		评分（0-1-2）		
	能力种类	能力序号	专业阶段	指标考核	行为指标	选择该指标的理由	自我评分	教师/他人评分	差异
1	I	1	1	1	乐意接受教师提出的学习任务（指令）				
2	I	3	1	2	检查个人学习输出成果的精确度和完整性，找出其中前后不一或存在矛盾差异等关乎工作质量的问题				
3	M	1	1	2	搜集在厘清状况、完成任务或做决策时所需要的信息				
4	M	2	2	1	明晰学习（工作）任务的参与者与时间安排				
5	S	2	1	2	完成公平分配的分内工作。视需要寻求其他团队成员的协助				

评分时，0 代表差，1 代表一般，2 代表良好

汇总表

学习领域：机器人电气控制单元的制作		项目：6 轴机器人			
任务名称：机器人驱动系统的调试		小组（ ） 个人（ ）			
组名（姓名）：	学号		工位号		工件号
班级：	日期：				

序号	评估项目	各项评分合计	各项指标数量	百分制得分	权重	得分
	6 轴机器人					

二、回答以下问题

1. 简要描述你执行这个项目的行动步骤。

2. 在进行这个项目的过程中你有何收获?

3. 如果下次获得一个类似的任务，你能在什么地方进行改进?

4. 如果有必要，你的同事需要了解哪些信息以便能顺利接任你的工作?

学习任务5

机器人夹具控制系统的安装

学习目标

1. 能在作业过程中严格遵守安全文明生产规范、仪器使用规范、环保管理制度以及8S管理规定。
2. 能掌握气动系统和液压传动系统的原理、特点和应用场合。
3. 能掌握气动元件的图形符号、原理及应用。
4. 能识读气动回路图，掌握典型的气动系统回路的组成。
5. 能设计具有简单逻辑的气动回路图。
6. 能够正确安装气动回路。

建议学时

30学时。

工作任务描述

某机器人生产企业主要生产小负载的6轴台式机器人，根据生产计划已完成RB08型机器人机械部件的加工和零配件采购、本体和驱动系统的总装，现需要对机器人末端执行器的夹具控制系统（气动传动系统）实施安装作业。由于该企业与我校为校企合作关系，经企业评估，我校工业机器人专业的学生具备协助完成该项目的条件，遂将部分订单交由我校学生完成。教师向学生下达机器人夹具控制系统安装任务并发放安装企业提供的外派工单，学生在规定工期内按照厂家技术规范完成工业机器人夹具控制系统的安装。

具体的工作任务要求如下：

学生从教师处领取安装任务，阅读任务单，查阅作业指导书，必要时与教师沟通，明确工业机器人夹具控制系统安装的任务要求、内容、安装流程及要求、安全注意事项和工期要求，制定安装作业流程。对安装现场进行确认后，以小组合作的方式，按照工艺流程和安全作业规范，在规定时间内完成机器人从气源到过滤器、减压阀、电磁阀、真空发生器、消声器，再到机器人夹具的气动回路的安装连接，并进行电磁阀的电气连接。完成装配后，实施相应的清洁、润滑、紧固、调整等作业，检查供气压力是否正常，有无漏气、气管管接头或连接螺钉松动等现象。检测合格后，填写质量过程控制单，并交付教师核查。

在作业过程中，要严格遵守工业机器人相关行业企业标准、安全生产制度、环境保护制度和 8S 管理要求。

工作流程与活动

1. 接受机器人夹具控制系统安装任务并明确任务要求（1 学时）。
2. 机器人夹具控制系统安装的信息收集（12 学时）。
3. 制订机器人夹具控制系统安装的工作计划（1 学时）。
4. 对机器人夹具控制系统安装的工作计划进行决策（2 学时）。
5. 实施机器人夹具控制系统的安装（11 学时）。
6. 对安装好的机器人夹具控制系统进行检查与评价（3 学时）。

学习活动 1　接受机器人夹具控制系统安装任务并明确任务要求

学习目标

1. 学会填写生产任务单。
2. 能说出机器人“夹具”的含义。
3. 能通过观察了解机器人驱动系统的组成。
4. 能明确本任务的工作内容。
5. 能找出学习任务的知识点。

建议学时：1 学时。

学习过程

1. 画出任务书上的关键词。

2. 机器人的“夹具”指的是什么？

3. 机器人怎么实现夹具的动作？

学习活动 2　机器人夹具控制系统安装的信息收集

学习目标

1. 能说出机械设备的四大传动方式及其优缺点。
2. 通过查阅液压传动的相关知识阐释千斤顶的工作原理。
3. 通过查阅资料完成气动基础知识工作页。
4. 能说出气动技术的工作原理。
5. 能说出典型气动系统的组成以及各个元件的作用。
6. 能说出各个气动元件的名称并画出气动符号。
7. 能写出方向控制元件的分类。
8. 通过查阅资料学习各类气动回路的组成及作用。
9. 能完成逻辑真值表并分析气动回路中的逻辑。

建议学时：12 学时。

学习过程

一、机械设备的四大传动方式

请你找出机械设备的四大传动方式及其优缺点，填入表 5-1 中。

表 5-1　机械设备的四大传动方式及其优缺点

传动方式	优点	缺点

二、液压传动基础知识

1. 请分析千斤顶的工作过程。

液压传动的应用十分广泛，如液压千斤顶就是利用液压传动系统来完成重物的举升和降下的，其结构及压油和重物提升过程如图 5-1 所示。

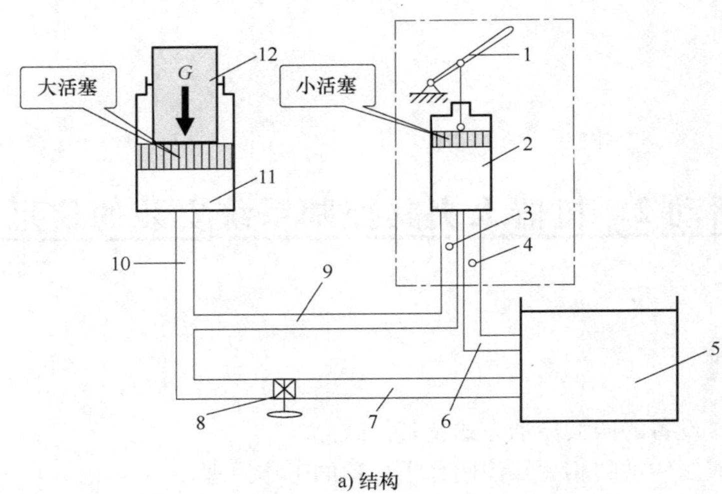

a) 结构

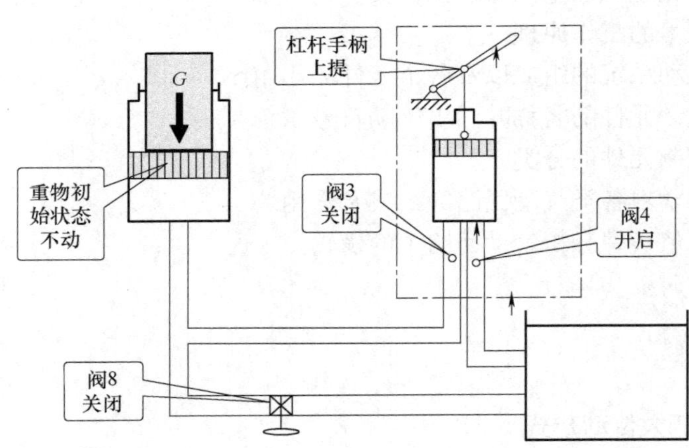

b) 压油和重物提升过程

图 5-1　液压千斤顶的结构及压油和重物提升过程

1—杠杆手柄　2—小活塞油腔　3—排油单向阀　4—吸油单向阀　5—油箱

6、7、9、10—油管　8—放油阀　11—大活塞油腔　12—重物

（1）关闭放油阀 8→上提________________（小活塞下端油腔容积增大，形成局部真空）→在大气压作用下，吸油单向阀__________开启，通过吸油管____________从____________中吸油。

（2）放油阀 8 保持________________状态→下压杠杆手柄 1（小活塞下端油腔容积减小，压力升高）→吸油单向阀 4____________，排油单向阀 3 开启→泵下腔的油液经油管 9、10 输入大活塞油腔 11 的下腔，迫使大活塞向________移动，顶起重物。

2. 请根据图 5-2 阐述千斤顶的回油过程。

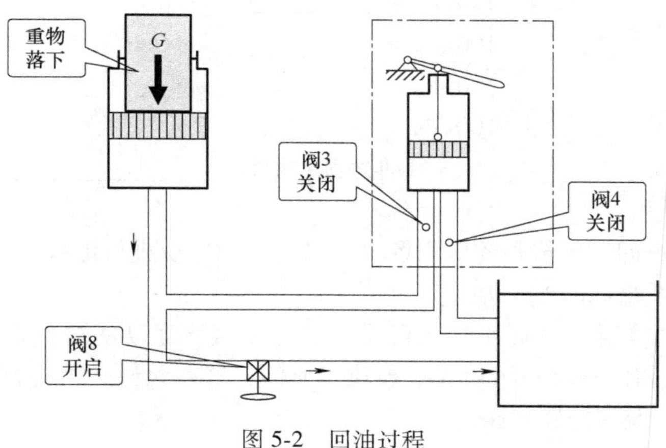

图 5-2　回油过程

3. 请思考为什么千斤顶可以用较小的力顶起重物。

三、气动基础知识

1. 大气对大气中的物体产生的______叫作______，简称大气压或气压。

2. 1 个标准大气压 =__________ Pa（N/m）

3. 真空是指______________。

4. 在一个大气压下，当温度逐渐降低时，空气中水蒸气的饱和度也随之______，当其含量超过其饱和度后，水蒸气就会形成水滴从空气中析出，而析出时的________就是露点。

5. 气动系统中常用单位的换算：

1kPa = ____________ Pa

100kPa = ____________ MPa

100kPa = ____________ kgf/cm^2

100kPa = ____________ bar

100kPa = ____________ PSI

6. 气动技术是以____________作为动力源，驱动____________________完成一定的运动规律的应用技术。

7. 请通过网络查询气压传动的应用场合，以小组为单位进行汇报。

8. 典型的气动系统如图 5-3 所示。

从技术和成本角度看，气缸作为执行元件是完成直线运动的最佳形式，单个气动元件（如各种类型的气缸和控制阀）可以看成模块式元件：气动元件必须进行组合才能形成一个用于完成某一特定作业的控制回路。

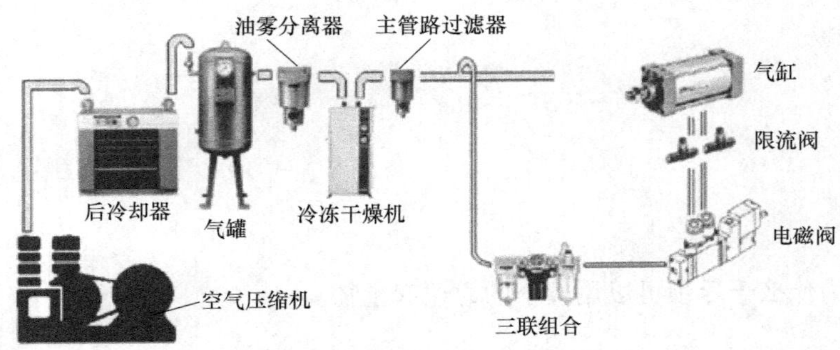

图 5-3　典型的气动系统

9. 气动系统的元件及装置可分为以下几种类型：信号处理元件、执行元件、控制元件、信号输入元件（传感器）、气源系统。请在图 5-4 中指出各元件的对应类型。

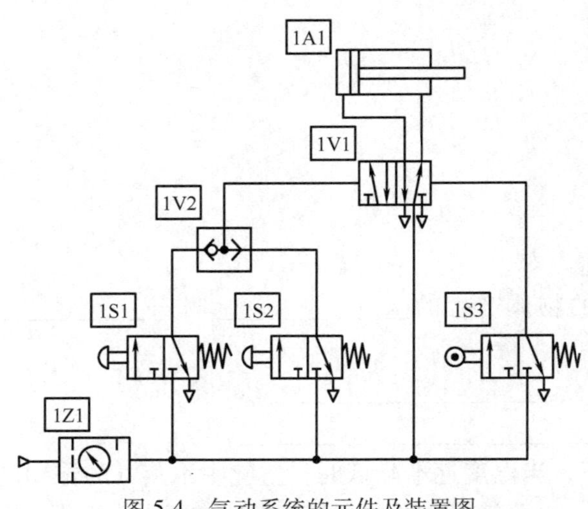

图 5-4　气动系统的元件及装置图

10. 请将气源处理元件需要处理的内容填入表 5-2 中。

表 5-2　气源处理工作内容

需要处理的内容	对系统的影响
	加速气动元件中各种密封件、膜片和软管材料等的老化，且温差过大，元件材料会发生胀裂，降低系统使用寿命
	在一定压力温度条件下会饱和而析出水滴，并聚集在管道内形成水膜，增加流阻力；如遇低温或膨胀排气降温等，水滴会结冰而阻塞通道、节流小孔，或使管道附件等胀裂；游离的水变成冰粒后，冲击元件内表面而使元件损坏
	与凝聚的油分、水分混合形成胶状物质，堵塞节流孔和流通道，使动信号不能正常传递，导致气动系统工作不稳定；同时还会使配合运动的部件间产生研磨磨损，降低元件的使用寿命
	可能聚集在储气罐、管道、气动元件的容腔里形成易燃物，有爆炸危险。另外，润滑油汽化后形成一种有机酸，使气动元件、管道内表面腐蚀、生锈，影响其使用寿命

11. 请写出表 5-3 中各元件的名称及作用。

表 5-3　气动元件的名称及作用

外观	名称	作用
热空气 冷空气 冷却水 图形符号 a) 热空气 冷却水 冷却水 冷空气 b)		

（续）

外观	名称	作用
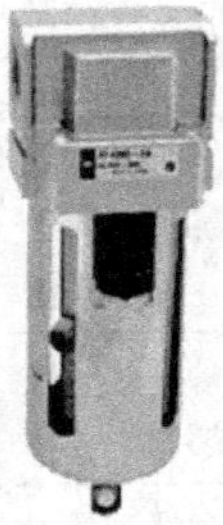 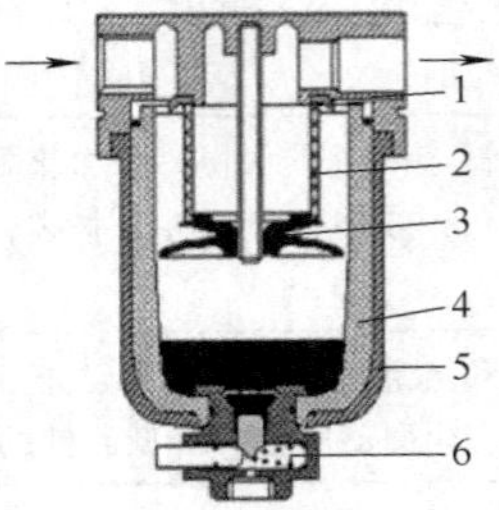 图形符号 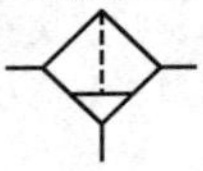 1—导流板 2—滤芯 3—挡水板 4—滤杯 5—杯罩 6—排水阀		
图形符号 p_1 p_2		
 图形符号 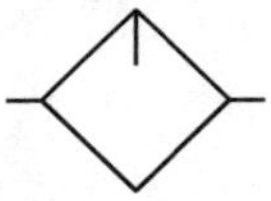		

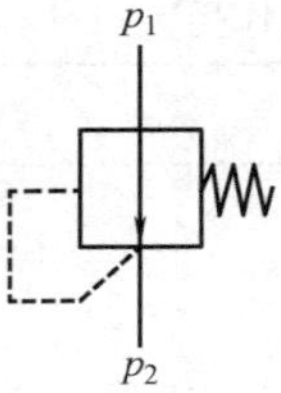

（续）

外观	名称	作用
图形符号		

12. 请在下面框中写出这三种运动方式的代表气动执行元件。

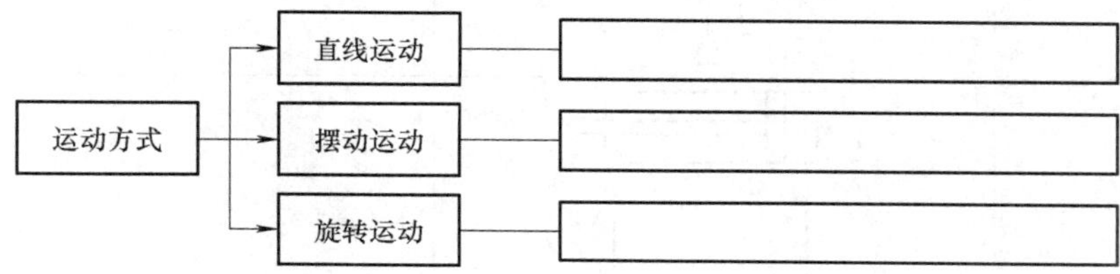

13. 请在下面横线处写出方向控制元件的分类。

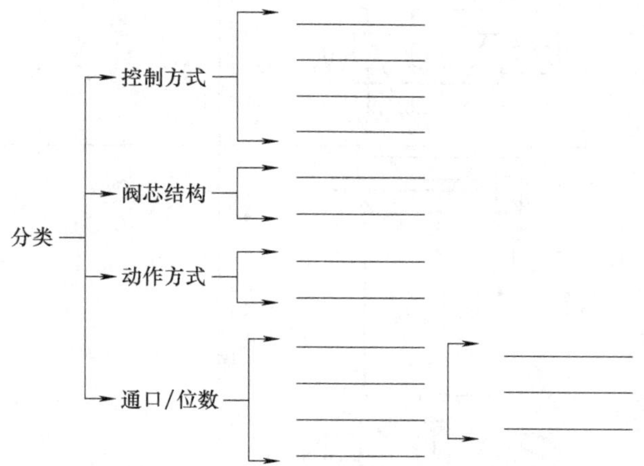

14. 请写出下面几种换向阀的名称。

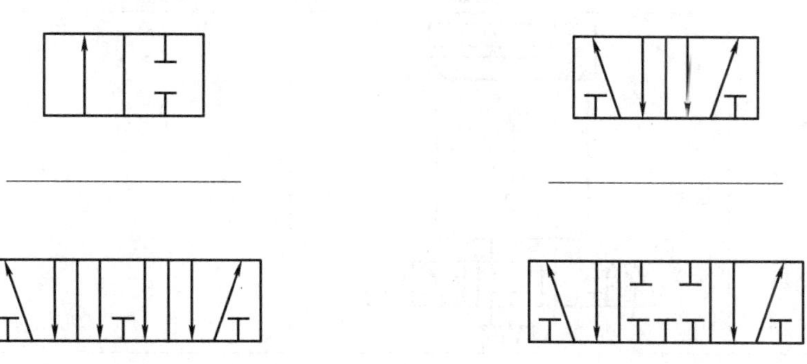

四、气动回路

1. 请写出表5-4中各气动回路的作用

表5-4 气动回路的作用

回路类型	气动回路图（通电前）	作用
单作用气缸控制回路	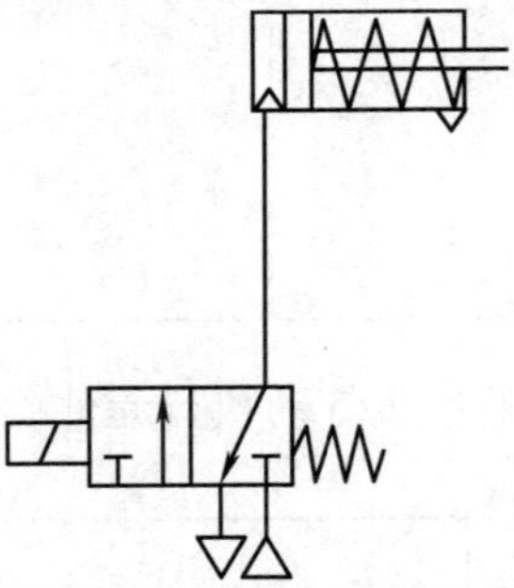	
两位五通单电控	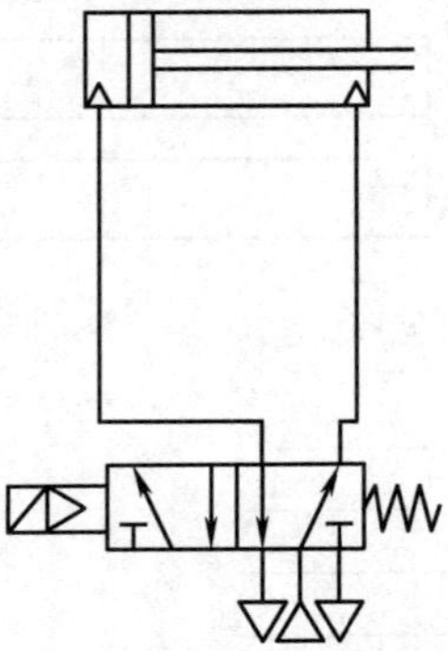	
两位五通双电控	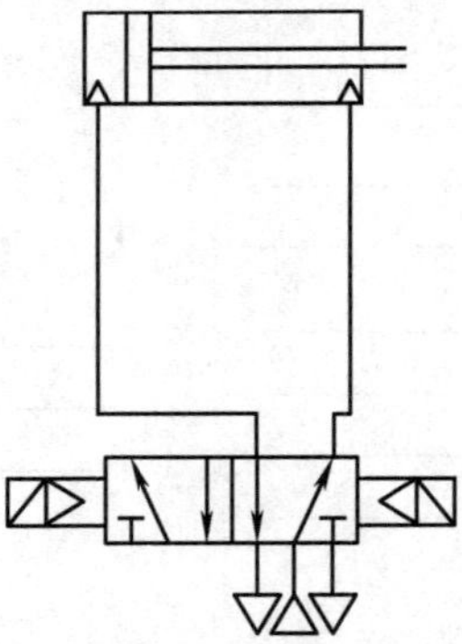	
三位五通中封式	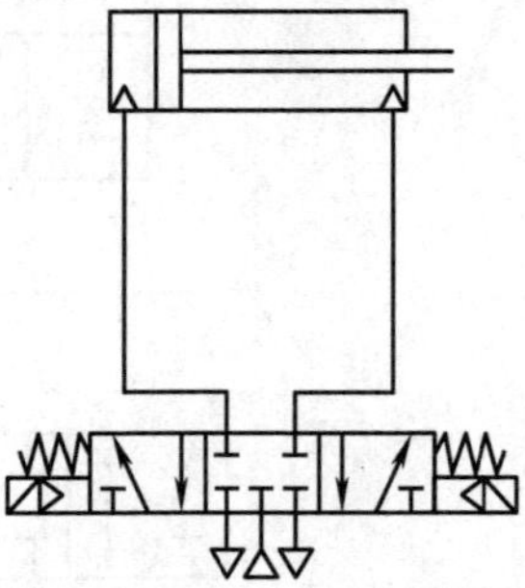	

（续）

回路类型	气动回路图（通电前）	作用
三位五通 中压式（1）	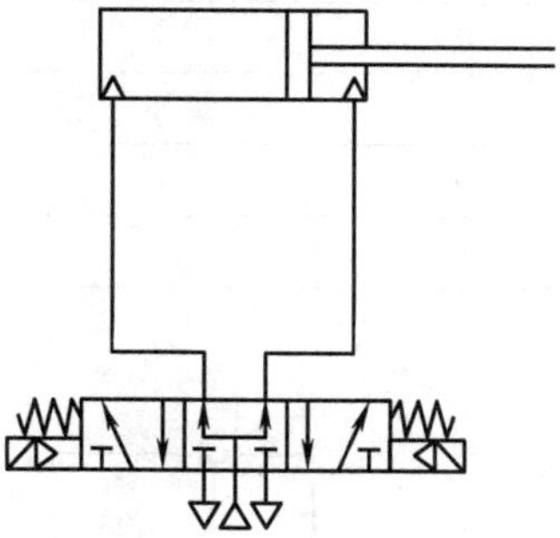	
三位五通 中压式（2）	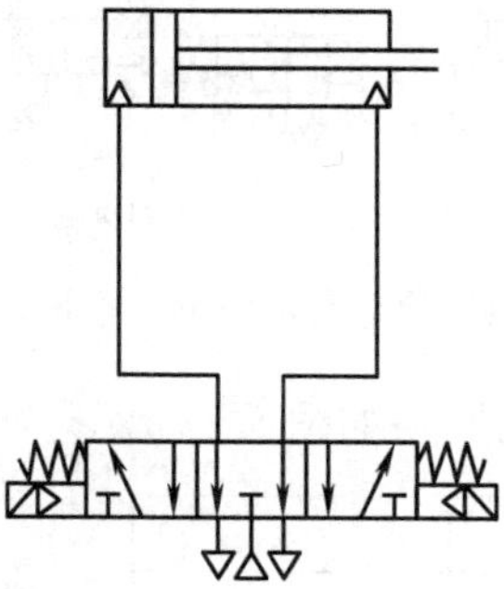	

2. 气动逻辑回路

（1）与回路的逻辑真值表和对应的气动回路如图 5-5 所示。

X	Y	Z
0	0	
0	1	
1	0	
1	1	

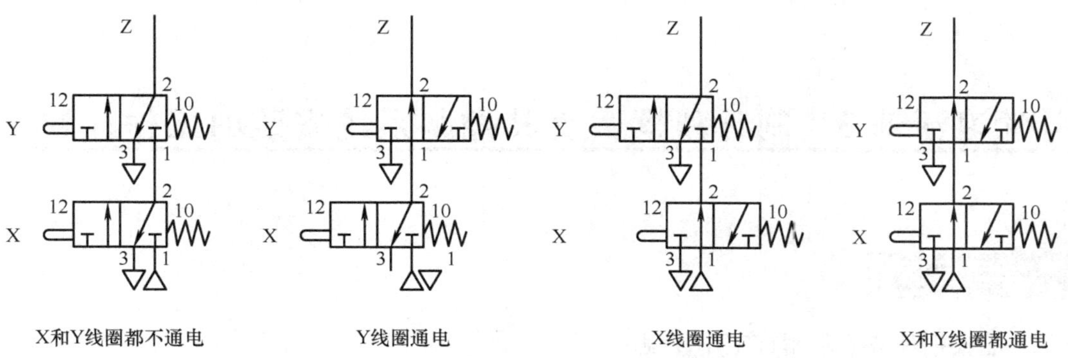

图 5-5　与回路的逻辑真值表和对应的气动回路

（2）或回路的逻辑真值表和对应的气动回路如图 5-6 所示。

X	Y	Z
0	0	
0	1	
1	0	
1	1	

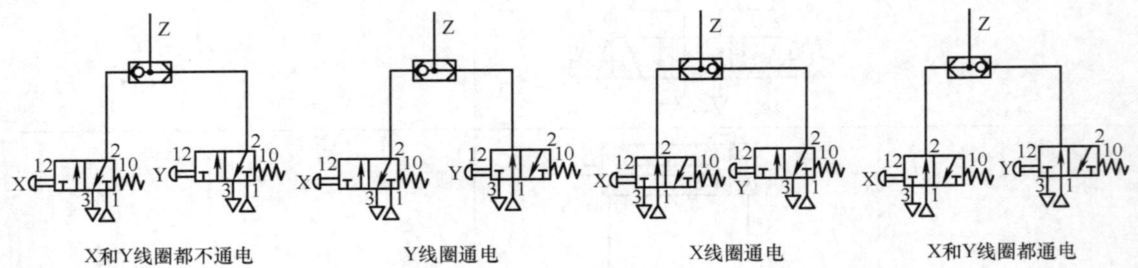

图 5-6　或回路的逻辑真值表和对应的气动回路

（3）非回路的逻辑真值表和对应的气动回路如图 5-7 所示。

X	Z
0	
1	

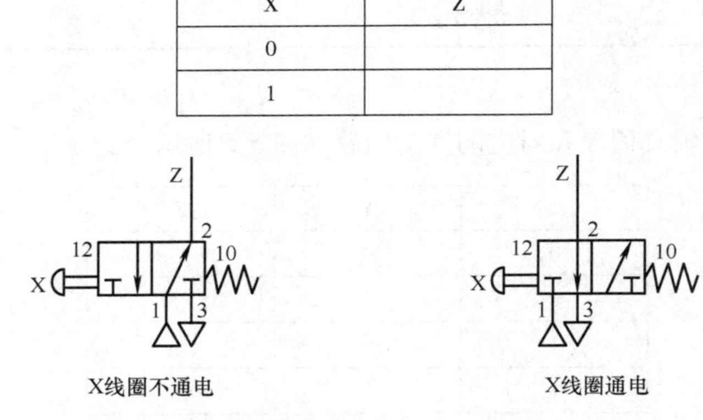

图 5-7　非回路的逻辑真值表和对应的气动回路

学习活动 3　制订机器人夹具控制系统安装的工作计划

学习目标

1. 能根据任务要求制订工作计划。
2. 能正确领取工具和材料。
3. 能合理地进行人员分工。

4. 能跟组内成员进行有效沟通，汇集全组人的意见。

建议学时：1 学时。

学习过程

1. 画出机器人夹具控制系统的气动回路图。

2. 填写工作计划表（见表 5-5）。

表 5-5　机器人夹具控制系统安装工作计划表

<table>
<tr><td colspan="2">姓名：</td><td colspan="3"></td><td>日期：</td><td></td></tr>
<tr><td colspan="3">项目：6 轴机器人</td><td colspan="4">任务：机器人夹具控制系统的安装</td></tr>
<tr><td>序号</td><td>工作步骤</td><td>注意事项</td><td>工具/支援需求</td><td>操作安全性/环保性</td><td>计划工作时间</td><td>实际工作时间</td></tr>
<tr><td></td><td></td><td></td><td></td><td></td><td></td><td></td></tr>
<tr><td></td><td></td><td></td><td></td><td></td><td></td><td></td></tr>
<tr><td></td><td></td><td></td><td></td><td></td><td></td><td></td></tr>
<tr><td></td><td></td><td></td><td></td><td></td><td></td><td></td></tr>
<tr><td></td><td></td><td></td><td></td><td></td><td></td><td></td></tr>
<tr><td></td><td></td><td></td><td></td><td></td><td></td><td></td></tr>
<tr><td></td><td></td><td></td><td></td><td></td><td></td><td></td></tr>
<tr><td></td><td></td><td></td><td></td><td></td><td></td><td></td></tr>
<tr><td></td><td></td><td></td><td></td><td></td><td></td><td></td></tr>
<tr><td></td><td></td><td></td><td></td><td></td><td></td><td></td></tr>
<tr><td></td><td></td><td></td><td></td><td></td><td></td><td></td></tr>
<tr><td></td><td></td><td></td><td></td><td></td><td></td><td></td></tr>
<tr><td></td><td></td><td></td><td></td><td></td><td></td><td></td></tr>
</table>

学习活动 4　对机器人夹具控制系统安装的工作计划进行决策

学习目标

1. 能清晰地向全班同学展示和表达本组的工作计划。
2. 能认真聆听其他组的工作计划，客观地找出优缺点。
3. 能根据讨论的意见合理优化工作计划。

建议学时：2 学时。

学习过程

1. 各组同学上台展示本组的工作计划，教师和其他组的同学给出评价和建议。

2. 投票选出最优的工作计划，并制作评优表，写明中选理由。

学习活动 5　实施机器人夹具控制系统的安装

学习目标

1. 能根据工作计划实施机器人夹具控制系统的安装。
2. 能在实施工作计划的过程中遵循 8S 管理规定。

3. 能够对工作步骤进行总结。
4. 能对工作过程进行自我反思。
5. 能找出改进的方法。

建议学时：11 学时。

学习过程

1. 实施机器人夹具控制系统的安装。

2. 记录实施过程的要点。

学习活动 6　对安装好的机器人夹具控制系统进行检查与评价

学习目标

1. 能客观地对完成安装的机器人夹具控制系统进行自我评估。
2. 能认真填写好评估表。
3. 能虚心接受他人评价。

建议学时：3 学时。

学习过程

一、填写机器人夹具控制系统安装评价表

请客观、认真地填写表 5-6。

表 5-6 机器人夹具控制系统安装评价表

<table>
<tr><td colspan="8">目视检查评价表</td></tr>
<tr><td colspan="3">学习领域：机器人电气控制单元的制作</td><td colspan="5">项目：6 轴机器人</td></tr>
<tr><td colspan="3">任务名称：机器人夹具控制系统的安装</td><td colspan="5">小组（ ） 个人（ ）</td></tr>
<tr><td colspan="3">组名（姓名）：</td><td colspan="5">学号 | | 工位号 | | 工件号 |</td></tr>
<tr><td colspan="3">班级：</td><td colspan="5">日期：</td></tr>
<tr><td rowspan="2">序号</td><td rowspan="2">姓名</td><td rowspan="2">检查项目</td><td rowspan="2">检查标准</td><td colspan="3">评分（10-9-7-5-3-0）</td></tr>
<tr><td>自我评分</td><td>他人评分</td><td>差异</td></tr>
<tr><td></td><td></td><td>元件的型号和规格</td><td>按图核对元件的型号和规格</td><td></td><td></td><td></td></tr>
<tr><td></td><td></td><td>各元件的连接</td><td>管插入管接头时必须插到底再稍退 1mm，并且检查每一个管接头是否连接牢固</td><td></td><td></td><td></td></tr>
<tr><td></td><td></td><td>仪表安装</td><td>压力表要垂直安装，表面朝向要便于观察</td><td></td><td></td><td></td></tr>
<tr><td></td><td></td><td>元件布局</td><td>安装时应符合经济快捷、单个元件拆卸维修更换方便的原则</td><td></td><td></td><td></td></tr>
<tr><td></td><td></td><td>管路走向</td><td>尽量平行布置，减少交叉，力求最短，弯曲要少，并避免急剧弯曲。短软管只允许作平面弯曲，长软管可以作复合弯曲</td><td></td><td></td><td></td></tr>
<tr><td></td><td></td><td></td><td></td><td></td><td></td><td></td></tr>
<tr><td></td><td></td><td></td><td></td><td></td><td></td><td></td></tr>
</table>

（续）

序号	姓名	检查项目	检查标准	评分（10-9-7-5-3-0）		
				自我评分	他人评分	差异

功能性检查评价表

学习领域：机器人电气控制单元的制作	项目：6轴机器人					
任务名称：机器人夹具控制系统的安装	小组（　　）　个人（　　）					
组名（姓名）：	学号		工位号		工件号	
班级：	日期：					

序号	姓名	检查项目	检查标准	评分（10-9-7-5-3-0）		
				自我评分	他人评分	差异
		气密性	无漏气			
		信号	信号正常			
		执行元件的工作情况	按照设计的流程动作			

测量评价表

学习领域：机器人电气控制单元的制作	项目：6轴机器人					
任务名称：机器人夹具控制系统的安装	小组（　　）　个人（　　）					
组名（姓名）：	学号		工位号		工件号	
班级：	日期：					

序号	姓名	检查项目	检查标准	评分（10或0）				
				测量结果	自我评分	测量结果	他人评分	差异
		气压	0.4～0.5MPa					
		气管	气管是否与计划长度一致					

（续）

核心能力评价表

学习领域：机器人电气控制单元的制作						项目：6 轴机器人			
任务名称：机器人夹具控制系统的安装						小组（　　）　个人（　　）			
组名（姓名）：						学号		工位号	工件号
班级：						日期：			
序号	行为概况				期待表现		评分（0-1-2）		
	能力种类	能力序号	专业阶段	指标考核	行为指标	选择该指标的理由	自我评分	教师/他人评分	差异
1	I	1	1	1	乐意接受教师提出的学习任务（指令）				
2	I	3	1	2	检查个人学习输出成果的精确度和完整性，找出其中前后不一或存在矛盾差异等关乎工作质量的问题				
3	M	1	1	2	搜集在厘清状况、完成任务或做决策时所需要的信息				
4	M	2	2	1	明晰学习（工作）任务的参与者与时间安排				
5	S	2	1	2	完成公平分配的分内工作。视需要寻求其他团队成员的协助				
评分时，0 代表差，1 代表一般，2 代表良好									

汇总表

学习领域：机器人电气控制单元的制作			项目：6 轴机器人			
任务名称：机器人夹具控制系统的安装			小组（　　）　个人（　　）			
组名（姓名）：			学号		工位号	工件号
班级：			日期：			
序号	评估项目	各项评分合计	各项指标数量	百分制得分	权重	得分
	6 轴机器人					

二、回答以下问题

1. 简要描述你执行这个项目的行动步骤。

2. 在进行这个项目的过程中你有何收获？

3. 如果下次获得一个类似的任务，你能在什么地方进行改进？

4. 如果有必要，你的同事需要了解哪些信息以便能顺利接任你的工作？